电脑雕刻
精编教程

陈 丹 | 主编　　黄小明 | 副主编
李 忻 |　　　　郭向峰 |

化学工业出版社
·北京·

内容简介

本书分为三大部分六个篇章：第一部分为基础篇，主要介绍雕刻艺术历史，雕刻技术产生与发展历程，以及JDPaint软件基本操作命令的使用。第二部分为操作篇，分别讲解了JDPaint软件三大核心功能（绘图、建模、加工）的用法。第三部分为实操案例篇，主要以案例剖析的形式将虚拟雕刻加工任务进行分解，并对软件的操作思路进行归纳。本书理论与实践相结合，通过案例递进式学习，让学生掌握必要的基本知识和技能，达到提高学生实际设计建模和数控加工水平的目的。

本书可作为普通高校工艺美术类、电脑雕刻类专业师生教学用书，也可供工艺美术和雕刻行业学习者和从业者学习参考。

图书在版编目（CIP）数据

电脑雕刻精编教程/陈丹，李忻主编；黄小明，郭向峰副主编. —北京：化学工业出版社，2023.4
ISBN 978-7-122-42903-2

Ⅰ. ①电⋯　Ⅱ. ①陈⋯②李⋯③黄⋯④郭⋯　Ⅲ. ①电子自动雕刻-教材　Ⅳ. ①TS194.37

中国国家版本馆CIP数据核字（2023）第022692号

责任编辑：李彦玲　　　　　　　文字编辑：张瑞霞　沙　静
责任校对：宋　夏　　　　　　　装帧设计：王晓宇

出版发行：化学工业出版社
　　　　　（北京市东城区青年湖南街13号　邮政编码100011）
印　　装：中煤（北京）印务有限公司
787mm×1092mm　1/16　印张11½　字数275千字
2023年5月北京第1版第1次印刷

购书咨询：010-64518888　　　　售后服务：010-64518899
网　　址：http://www.cip.com.cn
凡购买本书，如有缺损质量问题，本社销售中心负责调换。

定　　价：58.00元

雕刻又称为雕塑（包括雕、刻、塑），其产生和发展与人类的生产活动紧密相连，是自然、文化与艺术的结合。中国雕刻历史悠久，是世界三大雕塑体系之一；中国传统雕刻如青铜器、陶瓷、木雕、泥塑等产品，自古以来享誉世界，在人类社会发展和世界雕刻史上，具有非常重要的地位和独特的艺术面貌。随着人类文明不断发展进步，雕刻产品与雕刻技艺从幼稚到成熟、从手工到机械、从传统到现代，可以说就是一部形象生动的人类社会发展史。

如今，随着电脑雕刻数字化技术的应用发展，雕刻工艺和生产制作已从原来的纯手工传统加工转向智能化工业制作，进入"电脑雕刻"制作时代。我们只要在电脑里设计好雕刻器物的图形和装饰，通过电脑软件编辑和数字程序控制，就可用雕刻机快速在金属、石材、木头、塑料等材料上雕刻出完美器物，也可以一图重复精准制作，万千产品完美一致。这样就极大提高了生产效率，大大降低了劳动强度，为大众提供了更多精美如意的实用产品和艺术作品。也因此，数字雕刻技术迅速被雕刻行业所掌握和应用，越来越多的金属雕塑、木雕、石雕、砖雕和塑料雕塑等数字雕刻作品呈现在大众视野。

当前的电脑雕刻软件，主要以Zbrush、Mudbox、JDPaint等软件为代表。其中北京精雕软件（JDPaint），是我国第一款自主研发的国产数字雕刻软件，这款软件将创新的数字化模型算法融入软件命令中，融合传统手工雕刻常用的各项技法，深受国内雕刻行业的喜爱。在国内众多雕刻行业实用加工制作中，如各种家具、石雕、广告、建筑模型、首饰制作、工艺品等，北京精雕软件（JDPaint）都发挥着重要作用。为了更好地培养电脑雕刻专业技能人才，更好地服务工艺美术和雕刻行业，我们遵循"理实一体、学用结合"的编撰理念，根据大中专院校有关专业学生、工艺美术行业广大技术人员的实际需要，将电脑雕刻学习与职业技能需求、工艺美术真实案例与实际操作、项目化教学和分层次探索结合起来，组织编写了本教材。

本教材紧贴当前电脑雕刻行业的实际需求，内容上体现"以职业活动为导向，以职业能力为核心"的指导思想，突出电脑雕刻的职业技能需要；结构上针对电脑雕刻工作特点，按照不同项目来分类型编写。本书从理论到实践，从入门到精通，从前期到后期，能帮助大家全面和快捷学习，掌握电脑雕刻的基本要领，成为电脑雕刻的专业技能人才。

本教材主编为陈丹、李忻，副主编为黄小明、郭向峰，参编人员有孙益、吴光洋、厉鹏强、许锋、郭颢，编辑制作有严桦、华浩荣、万江文等。

本教材在编写过程中得到了中国工艺美术大师黄小明、中国工艺美术大师徐土龙、浙江省工艺美术大师陈国华的关心与指导，在此致以崇高的敬意！此外还得到了国际职业摄影师协会导师李鹏和浙江广厦建设职业技术大学师生的大力支持，在此表示真诚的感谢！书中还引用了一些国内外专家学者的有关论述，在此一并表示衷心的感谢！

编者

2022 年 12 月

JDPaint

CONTENTS

第一部分

基础篇

第一章 电脑雕刻概述

第一节　雕刻简述

从旧石器时代母系氏族制社会开始，古代先人们就可以从石器的制作过程中获得雕刻技术的训练，他们利用最原始的工具创造出圆雕、浮雕、镂空雕、阴刻等雕刻技术的雏形，并孕育着雕刻艺术的才能和审美观念。在奥地利的维伦多夫，考古学家发现了公元前25000年至公元前20000年的石灰岩雕塑——《维伦多夫的维纳斯》（如图1-1所示）。

建于12000年前的哥贝克力巨石阵（如图1-2所示），并不是用粗略凿成块的石头堆成，而是采用精雕细琢的石灰石柱，石柱表面刻着动物浮雕——成群结队的羚羊、蛇、狐狸、蝎子和凶猛的野猪。说明当时的崇拜对象开始转为动物和自然界。也说明当时的浮雕雕刻技术已经融入构图技巧，雕刻技术的大面积、大规模运用甚至比古埃及吉萨金字塔群还早7000年。

图1-1 《维伦多夫的维纳斯》
石灰岩雕像

一、国外雕刻艺术简述

新石器时代，古人类又在陶器的制作中不断训练对人物和动物的立体造型能力。这也为后期雕塑的造型能力打下了基础。公元前4000年左右，古文明在全世界范围内迅速崛起，各个大江大河流域开始形成自己的文明，雕刻艺术以实物或文字记录的形式被保存下来。

1. 古巴比伦

两河流域是指幼发拉底河和底格里斯河流域，被称作美索不达米亚平原，美索不达米亚文明是世界上最早的文明，也是古巴比伦文明的起源。当时的苏美尔人热

图1-2 哥贝克力巨石阵局部

衷兴建神庙，雕刻了许多以神像为主题的雕像作品。在瓦尔卡遗址，考古学家发现了公元前3000年，放置在埃安纳神庙的一件著名浮雕石膏瓶——《瓦尔卡瓶》，上面有三行精美的人物雕刻。最上面一行是女神伊南娜，全苏美尔人都供奉她，是最受欢迎的女神，雕像上一个裸体的祭司正向她献上一篮水果。伊南娜的下面是一些小神，站在模型神庙和一些动物的身上。第二行是裸体的祭司们拿着祭品。第三行是动物和植物，代表了她的两个"领域"：农业和畜牧。此后通过浮雕作品进行叙事或记录某个重要时刻的特点开始广为流传。

公元前1792年继位的古巴比伦王国国王汉谟拉比，最终统一了两河流域，建立起中央集权的奴隶制国家。为维护奴隶主的利益，汉谟拉比制定了一部法典，史称《汉谟拉比法典》（如图1-3所示）。《汉谟拉比法典》原文刻在一块高2.25米，上周长1.65米，底部周长1.90米的黑色玄武岩石碑上，石碑上端是汉谟拉比王站在太阳和正义之神沙玛什面前接受象征王权的权标的浮雕，以象征君权神授，王权不可侵犯；下端是用阿卡德楔形文字阴刻的法典铭文，共3500行，282条。

2. 古埃及

尼罗河流域位于非洲东北部，孕育了古埃及文明。从公元前5000年开始，古埃及文明发展一直很缓慢，此间从没有统一政府或中央政府。直到公元前3100年左右，上埃及国王美尼斯，统一埃及。早期的埃及石刻将这一事件记录下来，以示庆祝，这就是著名的《纳尔迈调色板》（如图1-4所示）。这块盾形石板的正反两面用精美的浮雕记录下美尼斯统一埃及的历史档案。

图1-3 《汉谟拉比法典》

图1-4 《纳尔迈调色板》

统一后的埃及，在相当长的一段时间里政治、社会环境稳定。这一点在吉萨金字塔建造上得以证明：大量的建筑者与雕刻者只有在一个社会整体稳定的环境下才能共同完成如此庞大的工程。古埃及人大型雕塑的能力也同时得以提升。为后期古希腊的雕塑发展带去了宝贵经验。

3. 古希腊

公元前2500至公元前2000年，爱琴海文化在基克拉迪群岛上发展起来，考古学家在

图1-5　古典时期《妇人雕像》

该群岛的墓穴中发现了大量该时期的雕像，其中最具代表性的《妇人雕像》。这件雕像瘦削的造型被认为与史前时期的《维伦多夫的维纳斯》，有着某种关联。由于地理因素，古希腊文明结合了两河流域和古埃及文明共同影响下成长的一个文明形态，因此属于次生文明，在形成时间上比它们略晚。古希腊雕塑的发展大致可分为三个阶段：古风时期、古典时期、希腊化时期。在"古风时期"希腊雕刻处于"摸索"阶段，它借用埃及雕塑的"正面律"法则来制作人像，形成了"古风"程式，这一时期的雕像形体大都比较古板、僵直，雕像的重心总是落在双足之间。因受到苏格拉底、柏拉图、亚里士多德等思想家、哲学家的思辨思维影响，传统雕刻造型的旧规律被突破，人体的重心落在了一只脚上，整个人体因而放松，显得自然、真实。古典时期的希腊雕刻技术的发展进入了全盛时期，这时的希腊雕塑在追求"真实的完美"，追求客观真实之美的境界已经到了登峰造极的程度（如图1-5所示）。当时的希腊国王亚历山大远征足迹远达印度，建立起地跨欧亚非三洲的亚历山大帝国。"创作题材"可谓相当丰富，从某种意义上讲形成了一种文化的扩张，其影响覆盖了整个欧洲，并且成了整个西方艺术的奠基，其崇尚客观真实之美的文化便是西方文明讲究思辨性、讲究客观之真的最初体现。希腊雕塑创造了一种美的综合，对于人体本身也充满了赞美，从这一时期的许多裸体雕塑上都得到体现。

4. 古代欧洲

文艺复兴时期，威尼斯商人马可·波罗在《东方见闻录》（《马可·波罗游记》）中描述了亚洲许多国家的情况，而其重点部分则是关于中国的叙述，书中以大量的篇章，热情洋溢的语言，描述了中国无穷无尽的财富，巨大的商业城市，极好的交通设施，以及华丽的宫殿建筑。引发了欧洲社会对人文主义精神的强烈渴求。人文主义精神核心是以人为中心而不是以神为中心，人们的精神世界不应该再被教会约束。精神世界的解放使得西方雕塑艺术发展繁荣，涌现了吉贝尔蒂、多纳泰罗、委罗基奥等雕刻艺术家，他们将数学、透视学和解剖学等应用到雕刻艺术实践中去，而最具影响的雕刻艺术家米开朗基罗，他的作品不仅仅是完全的写实，同时会进行想象的加工，这种独具风格的作品最终成为那个时代雕塑的典范，达到文艺复兴时期欧洲雕塑的最高峰。

17世纪初巴洛克时期，意大利的贝尼尼为代表的雕塑家和文艺复兴时期的全能型艺术家类似，在雕塑、建筑等诸多领域造诣颇深，他的雕塑手法除了造型准确并充满力度和动感之外，还能够表现完美的质感。雕塑人物从皮肤的柔软到衣料的顺滑无不纤毫毕至、栩栩如生，纯熟的雕刻技术在雕塑人物复杂的衣褶上表现得淋漓尽致。到了18世纪的洛可可艺术则在构图上有意强调不对称，其工艺、结构和线条具有婉转、柔和的特点，其装饰题材有自然主义的倾向，以回旋曲折的贝壳形曲线和精细纤巧的雕刻为主，造型的基调是凸曲线，常用S形弯角形式。形式具有轻快、精致、细腻、繁复等特点，其形成过程则是受到中国艺术较大的影响。

二、中国古代雕刻艺术简述

中国是四大文明古国之一，历史悠久，地大物博，优秀文化艺术遗产分布较广。考古学家在中国各个重要河流流域均发现了新石器时代各种形式质地的雕刻艺术品。从黄河流域仰韶文化出土的彩陶（如图1-6所示），长江流域河姆渡文化出土的牙雕（如图1-7所示），再到西辽河流域红山文化出土的龙形玉雕（如图1-8所示），可以明显看出雕刻技术与细节处理的大幅提升。而长江流域上游的三星堆文化出土的青铜大立人像（如图1-9所示）则是完整体现了中国青铜器时代复杂的制造工艺和高超的艺术造像水平。

图1-6　船形壶彩陶　　　　图1-7　双鸟朝阳纹牙雕　　　　图1-8　龙形玉雕

众所周知，远古的先人们，只能依靠双手操作简单的工具进行生产活动。所使用的工具非常的简单，甚至简陋。因此所制作的器物往往略显粗糙。相当长的一段时间里工具变化差异极小，有的至今都仍然在使用。

雕刻工具按功能一般分为凿、刨、斧（如图1-10所示）。凿子可以有不同大小或形状。雕刻时一手握凿一手握斧，用斧敲击凿子传递力量，完成雕刻（如图1-11所示）。石雕、砖雕等都可以使用具有类似功能的工具进行雕刻。

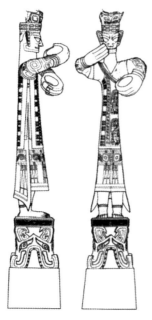

图1-10　木雕用的"凿、刨、斧"

图1-9　青铜大立人像线描图　　　　图1-11　雕刻时的常用雕刻手法

1. 夏商周时代

夏商周时期的青铜器制作技巧日益精湛，工匠先用烈火将含有铜、铅、锡的矿石按一定比例熔化，再将熔化后的金属液体倒进泥造的模具里，金属冷却成固体后，打破磨具再进行雕刻、打磨。这些青铜器大多用于器皿或祭祀用品上。而商周时代的玉器则被神化和人格化，"君子比德于玉"，玉器甚至被视为"长生不老之药"和防止尸体腐烂的防腐剂。因此这个时期的玉器数量、雕刻质量都达到中国玉器史上的最高峰。

在夏商周时期一个至关重要的原始雕刻工具被发现，它就是"砣机"，最初的砣机采用两人配合，以人力驱动带动各种石质砣具旋转（如图1-12所示），通过不同形状的砣具（如图1-13所示）从而完成刻、磨、钻、削等动作，它的诞生不是某种工艺方法的改进，而是给雕塑工艺带来了一场巨大的革命。

图1-12　砣机工作原理图

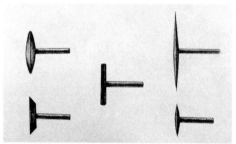

图1-13　砣具外形示意图

在商代有非常发达的青铜工艺，无疑给砣具这种核心零件的材料提供了更好的选择。砣具材质逐渐用金属代替石头。比如在"玉圭"这种玉器的雕刻中（如图1-14所示），它需要对十几厘米的玉料，进行整体切割，由于石质砣具硬度不够，砣具的磨损率很大，用它切割是非常困难的。这时使用一种硬度比玉高的石砂（古代称之为解玉砂），将石砂润湿后粘在砣具表面，再对玉石进行摩擦就能较为轻松地切开玉石。这两者的搭配类似于现代的电动工具搭配金刚石砂轮，除了一些比较大型的玉料切割、钻孔之外，这种加工方法可以在所有精细雕刻制玉的过程中被使用。这些金属片状或尖锥状的砣具加工比以往的手持刀具加工更易于被掌控。到了唐代砣机已经开始采用单人脚踏式（如图1-15所示），

图1-14　玉圭的雕刻

图1-15　单人脚踏式砣机

此后人们对雕刻工具使用便利度的要求不断增加。于是就有了"工欲善其事，必先利其器""三分手艺，七分工具""三分刻，七分磨"等说法。

2. 秦汉时代

到了秦朝，雕刻制品已经应用到了建筑物装饰上，无论宫殿，还是在皇族墓葬中也会用到大量的雕塑，其中最为著名的要数秦始皇陵兵马俑。与真人同比例，神态逼真的兵马俑仿真度极高。兵马俑的烧制过程相当复杂，工匠需要将泥人分解成六部分，再将身体掏空，分别烧制，最后再拼接起来，至于脸部的胡须、眼睛等细节则是最后雕刻上去的。整体雕塑工程量之巨大可见一斑。

汉朝建立后，仁孝治国，百姓安居乐业，对内休养生息，对外击退匈奴，没有内忧外患。经济得到进一步的繁荣发展，也给雕塑注入了新的活力，因此，雕塑作品层出不穷，应用范围更为广泛，特别突出的是表现在纪念碑和园林雕塑上。中国最早的纪念碑就是从这时开始兴起的。最具代表性的就是霍去病墓前的石雕群，它包括马踏匈奴、卧马、跃马、卧虎、卧象、石蛙、石鱼、野人、母牛舐犊、卧牛、人与熊、野猪、石蟾等作品，它们全部用花岗岩雕成，这些雕刻作品是汉武帝为表彰霍去病抗击匈奴而雕刻的。

秦汉时期的雕塑更多的功能是宣示王权、满足统治者个人需要的一种手段。整体上看，也许远不及后世那样精巧、细腻，而以拙重、粗犷为特色，然而正是这种客观简朴性，成了秦汉时代文化精神的象征。

3. 魏晋南北朝时期

魏晋南北朝时期的中国，是历史上政权更迭最频繁的时期，由于长期的封建割据和连绵不断的战争，使中国文化的发展受到特别多的影响。思想界异常活跃，汉末传入的佛教开始盛行，道教崛起并系统化，但儒学不但没有中断，相反却有较大发展。此时期虽然出现儒佛之争，但由于儒学与政权结合，使儒学始终处于正统地位，佛道二教不得不向儒家的宗法伦理作认同，逐渐形成以儒学为核心的三教合流的趋势。

佛教的雕塑在这一时期由于吸取、借鉴了波斯、希腊的雕塑方法，成就最为突出，涌现了许多石窟造像，使得中国的雕塑艺术得到极大的提升。其中最为著名的是位于河南洛阳的龙门石窟，由皇室集中设计，贵族达官出资建造，统一施工，其中较早建造的洞窟——古阳洞，里面的佛像造型都是笑容可掬的秀骨清像，衣褶稠叠有序，佛龛和背光都有精致富丽的浮雕装饰。大量的佛像雕塑也造就了一批博学多才的雕塑家，如当时最有影响力的戴逵与戴颙父子。他们有较高的文化，理论修养，通过探索和完善铸造、雕刻技法的表现，改善国外传入的佛像式样，为创造出当时民众易于接受的佛像，做出了极大的贡献。

4. 隋唐时代

（1）隋代

中国隋唐时代在经历了延续约3个半世纪的分裂和动荡以后，在这一时期重新得到统一和安定，进入一个政治经济空前繁荣的历史时期，从而促使雕塑艺术的发展出现新高峰。隋朝是中国历史上一个短暂的朝代，却创造出了精彩纷呈的文化艺术。尤其在绘画与雕塑上成绩斐然。隋代的雕塑分为南北两大阵营，北方雕塑粗犷大气，南方雕塑精致华美。在都城里，南北雕塑家们相互沟通，切磋技艺，使南北的雕塑风格相互渗透，从而完善了隋朝的雕塑体系。隋炀帝杨广在位期间广收历代名画与雕塑，在修建宫殿之时，请来大批顶级雕塑师营造巨型石兽与人像，在客观上起到了推动雕塑发展的作用。隋代是中国雕塑史上的过渡时期，雕塑创作活跃，成就卓著，对唐代雕塑的影响很大。先有隋代高大挺拔的石兽，才有了唐代经典的昭陵六骏。

（2）唐代

经过隋和初唐的过渡阶段，雕刻艺术在盛唐时期融会了南北朝时北方和南方雕塑艺术的成就，又通过丝绸之路汲取了域外艺术的养分，雕塑艺术到盛唐时大放异彩，创造出具有时代风格的不朽杰作。举世闻名的敦煌、云冈、龙门石窟等造像都是该时期雕刻艺术史上的瑰宝，名山古刹中珍藏的石雕、木雕、金铜、干漆夹苎、泥塑等各种质地的佛像雕塑珍品，更是不胜枚举。其中盛唐时期的唐三彩，更是在国画风格、制陶、雕塑、釉色等方面从美学角度上进行了优化整合，造型生动逼真，色彩艳丽的同时还融入了更多的生活气息。

5. 宋元时代

（1）宋代

唐王朝灭亡后，中国历史形成了五代十国的分裂局面，直至宋朝形成统一，社会才恢复了相对安定。但宋朝的统一只是相对的，与宋朝并存的政权先后还有辽、金、西夏和蒙古。社会环境处于一种错综复杂的局面，但这一时期的工艺美术没有因为社会动荡出现衰退，反而呈现出博采众长、丰富多彩的面貌。

宋代的雕刻工艺在玉雕、石雕上取得了一定成就。宋代玉器制作处在一个承前启后的转折阶段。特别是两宋玉器承袭两宋画风，通常画面构图复杂，多层次，形神兼备，有浓厚绘画趣味，完成了由偏重工艺性、雕塑性向偏重绘画性、艺术性的转变，形成了玉如凝脂、构图繁复、情节曲折、空灵剔透、形神兼备的特点，达到了中国玉文化的第二个高峰期。

宋代的石雕艺术与以往有所不同，大型石雕被逐渐蓬勃兴起的山水画取代，而小型石雕艺术却有了新发展。宋代大型石窟造像艺术比唐代更加写实，更加具体，更加世俗化。小型石雕最有代表性的是南宋时的浙江青田石雕。青田石雕运用"因势造型""依色取巧"的技巧，发挥自身石色、石质、可雕性的优势，开创了"多层次镂雕"技艺的先河。

（2）元代

到了元代，蒙古贵族建立政权，文化及历史背景复杂，蒙古贵族不仅统治着文化领先于自己的众多民族，同时又与西域的广大地区保持着空前广泛而又密切的联系。

宋元时代，始于唐朝的雕漆工艺得到巨大发展，至元代已达到炉火纯青的程度。如图1-16所示。

雕漆作品的特点是刀痕不露，磨工大于雕工。剔漆深厚，纹饰线条飘逸自然，漆面包浆亮丽，层次分明，整体布局匀称，题材以花卉为多，一般都花叶密布，雕刻刀法藏锋清楚，花叶禽鸟疏密相间，以花鸟

图1-16　雕漆首饰盒

为题材的作品，以花卉衬底，上压飞禽，这种装饰风格至明初仍继续使用。层次感强，装饰极富浪漫色彩，是实用与美观的完美结合，以取得繁简对比的艺术效果，有跃然纸上之感。

雕漆品种以盒为主。刀法灵巧，刀口圆滑，花卉图案多为"死地花"（不雕刻锦纹图案的花卉），富有浓厚的装饰趣味，给人以浑厚古朴的印象。剔红是用朱漆在器物上髹刷多层，积累到一定的厚度后，再加以雕刻。剔黄、剔黑与剔红的制作手法相同，只是所用漆色的不同。剔犀是在漆器底胎上，以红、黑等两种或三种色漆相间髹涂，反复重叠，达到所要厚度再进行雕镂，色漆厚薄不一，在刀口的立面，可看到相间的异色线纹。剔彩则是在彩色漆层上雕刻出如浮雕效果的纹样，其做法是先在漆胎上髹涂各种色漆，当一种漆色达到了一定厚度时，开始涂另一种漆色，以此类推。色漆品数随纹样设计而定。髹涂色漆达到了所需厚度时，开始雕镂，因所需要颜色效果的不同，刻法的深浅也不尽相同。比剔红等单色雕漆颜色更丰富多彩，故名"剔彩"。在今所见元代雕漆工艺中，以剔红和剔犀最为多见。出现了张成、杨茂等剔红名家，他们的作品对后世影响很大。

6. 明清时代

（1）明代

明代是中国历史上继唐代之后又一经济繁荣、国力强盛的时代。

工匠在非服役时间内，可以自由经营，从事自己所精通的手工业生产。这样一来，在一定程度上刺激了手工业者的创造性和积极性，促进了手工业的大力发展。

明代的家具发展成熟，其造型艺术、制作艺术、功能尺度等方面的成就足以为后世楷模，这一时期是中国古代家具制造的黄金时期。城市商品经济的繁荣，住宅和园林建筑的不断兴起，也对家具业产生了极大的促进作用。

明代家具是在继承宋元家具形式基础上逐渐发展起来的，以优质硬木和柴木为主要用材，在品种、结构、造型和装饰上形成了鲜明的艺术风格，所造就的模式被人们誉为"明式家具"（如图1-17所示）。

图1-17 明式太师椅

明代家具的特点主要分为以下四点：①造型简练，以线为主。明代家具，其局部与局部的比例、装饰与整体形态的比例，都令人感到无可挑剔的匀称、协调。整体感觉就是线的组合，其各个部件的线条均呈挺拔秀丽之势，刚柔相济，线条挺而不僵，柔而不弱，表现出简练、质朴、典雅、大方之美。②结构严谨，做工精细。明代家具不用钉子少用胶，不受自然条件的潮湿或干燥的影响，制作上采用攒边等做法，并在跨度大的地方镶以牙板、牙条、圈口、券口、矮老、霸王枨、罗锅枨、卡子花等，既美观，又加强了牢固性。明代家具的结构设计，是科学和艺术的极好结合。③装饰适度，繁简相宜。明代家具的装饰手法，可以说是多种多样的，雕、镂、嵌、描，都为所用。装饰用材也很广泛，珐琅、螺钿、竹、牙、玉、石等，样样不拒。但是，绝不贪多堆砌，也不曲意雕琢，而是根据整体要求，作恰如其分的局部装饰。这样既不失朴素与清秀的本色，看起来也适宜得体，更达到了锦上添花的效果。④木材坚硬，纹理优美。明代家具的木材纹理，自然优美，呈现出羽毛兽面等形象，令人有不尽的遐想。充分利用木材的纹理优势，发挥硬木材料本身的自然美。工匠们在制作时，除了精工细作外，同时充分发挥、充分利用木材本身的色调、纹理的特长，形成自己的审美趣味和独特风格。

与此同时，漆器工艺、铸造工艺、玉雕、牙雕、竹雕、木雕刻等均获得了发展，留下了大量的工艺美术珍品。

明代不仅工艺美术获得巨大发展，理论著述较之前代也多有出现，且颇有建树。明代宋应星在从事实践的基础上，经过长时间的调查、搜集、整理、研究后，写出了《天工开物》这部有关手工业方面的著作。它详细地记述了各手工艺门类从原材料到成品的全部生产过程，包括衣装、丝织、印染、陶瓷、铸造、金工、珠玉等各种手工艺，成为研究明代工艺美术的重要资料，有"中国17世纪的工艺百科全书"之誉。除此之外，还有《鲁班经》《三才图会》等著作，对手工业技术的总结、推广起到了重要作用。

（2）清代

"康乾盛世"时期的清朝国力强盛，工艺美术在此时逐渐发展，登上高峰。清代工艺美术中的大部分艺术作品都受着政治、经济、学术以及文化思想的影响，有着材料珍贵、技艺精巧细腻的风格。当时清政府为满足皇室的需求，建立宫廷作坊，生产制作大量有西方渊源的玻璃器、珐琅器等，而乾隆的御用工艺美术品，也会采用西方制造、西方装饰等风格。当时的民间工艺则多是表达喜庆欢乐的题材，体现出健美、质朴、实用的风格。

在宫廷作坊制造的产品中，木雕无疑是最具代表性的，同时它也是中国的一种重要的"民间工艺"。木雕的选材一般选用质地细密坚韧、不易变形的树种，如楠木、紫檀、樟木、柏木、银杏、沉香、红木、龙眼等。采用自然形态的树根雕刻艺术品则为"树根雕刻"。木雕工艺起源于新石器时代的河姆渡文化，成熟于秦汉，在唐代大放异彩，明清时代的木雕题材丰富，不少以民间传说、戏曲、历史故事为题材的作品。这一时期的小型木雕摆件、建筑木雕装饰和木雕日用器物大为发展，并形成地方特色，涌现出大量有史可考的名家、艺人及其作品，是中国古代木雕艺术的一个高峰。

三、中国近现代雕刻艺术简述

近现代的工艺美术包括传统工艺、现代工艺和民间工艺三大部分。其发展大致可分为三个阶段，从鸦片战争到辛亥革命前为第一个阶段，从辛亥革命到新中国成立前为第二个阶段，从新中国成立到20世纪80年代为第三个阶段。在不同时局的影响下，工艺美术经历着戏剧性的兴衰与变革。

鸦片战争以后，封建的清王朝的国门被列强炮火打开，沿海经济发达地区纷纷被列强设为通商口岸，大量纺织技术进入国内，"洋纱洋布"导致许多手工纺织业破产，"丝绸大国"盛景不再。同时传统的宫廷制作也被西风动摇。由于朝廷衰弱，内廷作坊就渐渐歇业，匠人流散宫外，在民间持技谋生，出现了宫廷手工艺的民间现象。

辛亥革命之后，社会局势风云变幻，工艺美术的发展趋于衰颓滞缓，工艺品以仿古或仿洋为主。但这些仿制品没有文化沉淀，如无根之树，无源之水，根本不具备压倒舶来品的品质。20世纪30年代后期到40年代，抗日战争爆发，工艺美术的生产环境和条件完全被战火摧毁，内外销路中断，手工艺人流离失所，生活所迫不得不改行转业；抗战胜利后，由于社会环境不稳，国民党无暇顾及恢复生产，传统工艺凋零不堪，苗火将熄，现代工艺发展也大大减慢，规模只局限在上海等几个大城市。受抗战救国思想的影响，这一时期的现代工艺风格和形式上都更具民族色彩，显得刚健质朴、清新有力。

1949年新中国的成立，标志着中国工艺美术进入一个新的历史阶段。在党和国家的关怀下，民间工艺得到了保护及挖掘，雕刻艺术也重新焕发出生命，涌现出一批国家级大师。他们的作品，工艺精湛，秉承传统，立意深远，讴歌时代，体现了大师们立足传统，锐意创新，直抒重获新生的胸怀和报效国家，知遇之恩的深情。在"保护、发展、提高"方针的指导下，不少已经停产的传统工艺经过挖掘和扶持相继重新恢复了生产。工艺美术教育事业也受到重视。1956年在中央美术学院实用美术系的基础上成立了中央工艺美术学院，随后，浙江广厦建设职业技术学院、苏州工艺美术职业技术学院、景德镇学院等大专院校，又相继开设了雕刻艺术设计等专业，系统开展专业教学，拓展了工艺美术设计的涵盖范围，扩大了工艺美术设计队伍的规模，提高了工艺美术队伍的综合素质。因此自中国共产党十一届三中全会以后，改革开放政策给工艺美术事业的发展带来新的生机，工艺美术以前所未有的速度恢复并发展起来，传统工艺与人们日常生活需要紧密结合起来，有了新的发展方向，民间工艺制作也日益繁荣。

第二节　数控雕刻技术的发展与应用

一、数控雕刻技术发展史

20世纪40年代随着计算机技术的发展，自动雕刻技术实现成为可能。

1948年，美国帕森斯公司接受美国空军委托，研制直升机螺旋桨叶片轮廓检验用样板的加工设备。由于样板形状复杂多样，精度要求高，一般加工设备难以适应，于是提出采用数字脉冲控制机床的设想。

1949年，该公司与美国麻省理工学院（MIT）开始共同研究，并于1952年试制成功第一台三坐标数控铣床，当时的数控装置采用电子管元件（如图1-18所示）。

20世纪60年代末，先后出现了由一台计算机直接控制多台机床的直接数控系统（DNC），又称群控系统；采用小型计算机控制的计算机数控系统（CNC），使数控装置进入了以小型计算机化为特征的第四代。

20世纪80年代初，随着计算机软、硬件技术的发展，出现了能进行人机对话式自动编制程序的数控装置；数控装置愈趋小型化，可以直接安装在机床上；数控机床的自动化程度进一步提高，具有自动监控刀具破损和自动检测工件等功能。

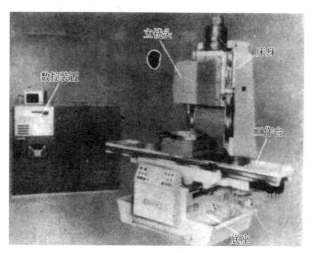

图1-18 三坐标数控铣床

20世纪90年代后期，出现了PC+CNC智能数控系统，即以PC机为控制系统的硬件部分，在PC机上安装NC软件系统，此种方式系统维护方便，易于实现网络化制造。数控技术也叫计算机数控技术（Computerized Numerical Control，CNC），它是采用计算机实现数字程序控制的技术。这种技术用计算机按事先存贮的控制程序来执行对设备的控制功能。由于采用计算机替代原先用硬件逻辑电路组成的数控装置，使输入数据的存贮、处理、运算、逻辑判断等各种控制功能的实现，均可以通过计算机软件来完成。数控技术是制造业信息化的重要组成部分。

21世纪，数控雕刻技术全面进入数字信息化时代，通过计算机建模软件或三维扫描仪（如图1-19所示），即可生成雕塑模型，再通过生成数字坐标指导机械运动，即可由数控机床自动完成雕刻（如图1-20所示）。

图1-19 三维扫描仪

图1-20 七轴联动雕刻机

二、数控雕刻技术的应用

数控雕刻技术应用到的行业越来越多，其主要应用领域包括以下几方面。

1. 广告标牌（如图1-21所示）

2. 建筑模型（如图1-22所示）

图1-21　双色板广告标牌

图1-22　激光雕刻建筑模型

3. 有机玻璃制品（如图1-23所示）

4. 建筑材料制品（如图1-24所示）

5. 工艺纪念品（如图1-25所示）

图1-23　有机玻璃杯垫

图1-24　砖雕

图1-25　木雕激光雕刻工艺品

6. 家具（如图1-26所示）

7. 印刷雕版（如图1-27所示）

8. 模具（如图1-28所示）

图1-26　家具腿

图1-27　印刷雕版

图1-28　吸塑模具

第三节 数控雕刻分类

随着科技的不断进步，数字技术被广泛应用，各个领域都能看到数字技术的影子，互联网以及数字技术已经进入了人们生活中的方方面面。在信息时代的背景下，作为计算机美术的一个重要分支——数控雕刻出现了，它的出现改变了传统雕刻依赖人力的情况。

数控雕刻对实物进行雕刻主要分为激光雕刻和刻刀雕刻两种。

一、激光雕刻设备与软件

激光雕刻的优点是在激光雕刻的过程中不会与被刻物体产生直接接触摩擦，而且能耗大部分只用于产生激光，因此激光雕刻的效能更高，同时由于激光的物理特性，在加工表面硬度较高的物体时也非常轻松。

激光雕刻机，顾名思义，即是利用激光对需要雕刻的材料进行雕刻的一种先进设备。

激光雕刻机加工效率高，加工边缘光滑，应用范围广泛。激光雕刻机在各个行业中都有所应用，例如广告行业、木工行业、装饰品行业、装饰装潢行业、建筑行业、钣金行业等。激光雕刻作品如图1-29所示。

1. 激光雕刻设备的种类

（1）激光雕刻机的原理

激光雕刻机通过激光器产生激光，由发射镜传递并且通过聚焦镜照射到加工材料上，使该点因高温而迅速地融化、汽化，通过移动激光头达到切割的效果。

图1-29 激光雕刻作品

（2）激光雕刻机的分类

金属激光雕刻机和非金属激光雕刻机。

① 金属激光雕刻机的分类：金属光纤激光打标机（如图1-30所示）和金属光纤激光雕刻机（如图1-31所示）。

② 非金属激光雕刻机的分类：CO_2玻璃管激光雕刻机和金属射频管激光雕刻机。

相对于传统的手工雕刻方式，激光雕刻也可以将雕刻效果做到很细腻，丝毫不亚于手工雕刻的工艺水平。正是因为激光雕刻机有着如此多的优越性，所以现在激光雕刻机已经逐渐取代了传统手工雕刻，成为主要的雕刻设备。

2. 激光雕刻设备配套软件

（1）磨石激光雕刻排版系统

磨石激光雕刻排版系统是磨石工作室推出的一款简单易用、功能强大的激光雕刻排版软件，目前被广泛应用于印章制广告行业，支持所有文字机平台，是专门针对各种激光雕刻机开发的，可以直接驱动国内绝大部分的激光雕刻机，界面简单大方。

图1-30　金属光纤激光打标机

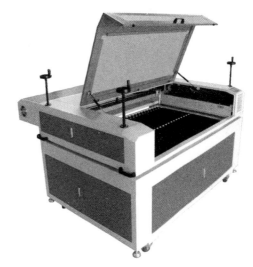
图1-31　金属光纤激光雕刻机

（2）宏光橱衣柜雕刻机开料软件

宏光橱衣柜雕刻机开料软件是一款简单便捷的开料软件，界面简洁大方，功能强劲实用，其软件主要用于橱衣柜和雕刻机的开料，实现板件切、开槽、打正面孔的功能，从而实现和各个板件的无缝对接，降低错误率。

（3）群英激光切割雕刻系统

群英激光切割雕刻系统是一款相当优秀的激光切割机专用雕刻辅助工具，能够帮助用户轻松地控制激光切割与雕刻，此款软件界面美观，便捷好用，还支持各种绘图工具，能够生成雕刻对象，使用各种工具绘图，可以设置切割和雕刻的各种参数，如初速度、加速度、雕刻密度等。

（4）文泰刻绘系统

文泰刻绘系统是一款非常专业且强大的图形设计雕刻软件，集编辑、排版、图像处理、彩色处理、表格排版、刻绘输出等功能于一体，并内置了30000多幅图样，用户只需要设好加工所需的版面尺寸，即可迅速通过电脑刻绘机，把画稿刻绘在喷砂雕刻保护膜上即可加工，有效地降低了成本，提高工作效率和质量。

二、刻刀雕刻设备与软件

1. 刻刀雕刻设备

刻刀雕刻是通过旋转电机带动刀具对物体进行物理雕刻。由于其主要依靠数字化制导的机械运动，配合刀具旋转切割，因此能耗会比激光雕刻机大很多。但优点也十分明显，即可以加工各种三维造型，刻刀雕刻更完美地代替手工雕刻，成为工业化生产的首选方案。

刻刀雕刻实际是数控技术的一种，是一种通过编程软件来指导运动的制造过程。数控雕刻机有多种类型，加工原理相同，但根据加工材料的不同可以分为以下几类。

（1）木工雕刻机

木工雕刻机（图1-32）是被应用最为广泛的一种数控机床。橱柜、衣柜、桌椅、屏风等木制家具都是通过木工雕刻机进行雕刻、切割、钻孔、铣削等加工方式制作而成。如果一个车间专业生产木制桌椅，那么需要为木工雕刻机增加一个旋转轴装置，用于加工圆柱形材料。如果需要在板材上雕刻同样的图案，可以选择一款多头雕刻机，在同一时间内加工更多的工件。木工雕刻机具有多功能、可定制的特点，在选择机器时需要根据加工材料的类型、尺寸、成品要求选择合适的机器。

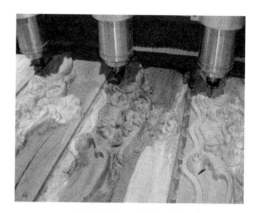

图1-32 木工雕刻机

（2）广告雕刻机

广告雕刻机（图1-33）是一种尺寸较小的数控机床。主要用于广告商加工各种标牌、铭牌等。通常用于亚克力、KT板、塑料、木材、部分金属等材料的雕刻和切割。因为广告标牌大部分尺寸较小，材料的硬度较低，所以广告雕刻机配置相对简单，价格也非常便宜，广告雕刻大多带有CCD图像识别功能，能够根据实际图形实现自动搜寻运动切割轨迹，达到自动巡边的目的。

图1-33 广告雕刻机

（3）石材雕刻机

中国很多历史文化都是通过在石材上进行雕刻来传承的，用石材制成的石碑坚固、耐腐蚀、易于长期保存。在过去，石碑雕刻是一份体面的工作。现在随着数控技术的发展，石材雕刻机已经逐渐取代手工雕刻。石材雕刻机不仅可以节省人工成本，而且雕刻效率高，成为新一代石材厂家有效生产工具（图1-34）。

图1-34 石材雕刻机

（4）金属雕刻机

金属模具行业通常使用专业的金属雕刻机（图1-35），并使用特质刀具配合金属数控雕刻机实现模具制作。金属数控雕刻机适用于铁、

图1-35 金属雕刻机

铜、铝、不锈钢、模具钢等，可广泛应用于汽车、注塑、五金模具、雕刻模具等行业。金属雕刻机通常需要更高的电机转速，并且配备专门的回收冷却循环系统，对加工表面进行冷却。

以上雕刻机类型是通过加工材料进行划分，按照加工类型，还可以将数控雕刻机分为三轴雕刻机、四轴雕刻机、五轴雕刻机和七轴雕刻机。

三轴雕刻机一般用于平面材料的雕刻和切割。四轴和五轴雕刻机擅长空间曲面加工、异型加工、镂空加工、打孔、斜孔、斜切等加工方式，尤其擅长通过泡沫和木材制作船模型、汽车模型、航空模型及其他非金属模型。七轴雕刻机（机械臂）也称轴机器人雕刻机系统，是由一个工业机器人手臂控制电动主轴（该电动主轴在机械手臂的可加工范围内的任意角度进行工作），可实现复杂立体造型的自动化雕刻加工（图1-36、图1-37）。

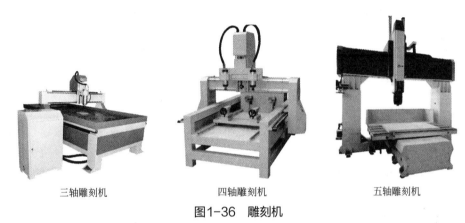

三轴雕刻机　　　　　　　四轴雕刻机　　　　　　　五轴雕刻机

图1-36　雕刻机

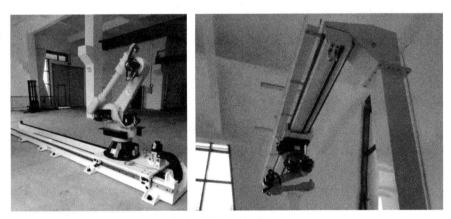

图1-37　七轴雕刻机

2. 刻刀雕刻设备配套软件

三维建模软件诸如Maya、3DS Max、Rhino 3D等都可以建立三维模型，而三维雕刻软件往往更注重于模型细节的雕刻，因此两者的侧重点不同。尽管其中某些建模软件已经着手改善模型细节的雕刻功能，但收效并不明显。目前主流的模型雕刻软件有以下几种。

（1）Type3

Type3是英国Vision Numeric公司开发的一款专业性的雕刻软件，功能强大，并可以方便地支持各种雕刻机，可以用它来设计平面、三维艺术雕刻以及浮雕，并通过软件的数控编程功能来驱动雕刻机进行产品加工。

（2）EngravePC

EngravePC又称创造雕刻软件，是一款专业的雕刻软件，可根据导入的图纸进行雕刻，将符合标准的图纸导入软件进行格式转换就可以直接雕刻了，支持PLT、NC和CNC格式文件，软件绿色免安装，呈中文界面。

（3）Geomagic Sculpt

Geomagic Sculpt 是一款功能超强且非常专业的精密体素雕刻建模软件，它能够创建有机设计，并使用雕刻、建模和详图绘制工具编辑和转换现有的三维数据，这些工具在传统CAD软件中是不可用的。它具有无限的自由度和各种实用功能，能有效地消除工作中的问题，迎接挑战。通过将软件与触摸笔相结合，可以在非常直观的氛围中进行3D设计，保证印刷适性。除了直观的创建，它还具有CAD提供的功能模型。Geomagic Sculpt可与现有的CAD系统并行工作。

（4）3D Coat

3D Coat是一款非常便捷且高效的3D建模软件。该软件专为游戏美工建模设计而打造，专注于对游戏模型细节方面的处理，只需要在软件中导入模型，软件将会自动为该模型创建UV，接着用户可以对该模型进行雕塑与修剪，最终打造出满意的3D游戏模型。软件中拥有颜色贴图、透明贴图、一次性绘制法线贴图、置换贴图、高光贴图等各种贴图的绘制，还拥有数字雕刻、细节雕刻、拓扑功能、体积雕塑功能、硬件渲染功能等强大且实用的模型制作工具。对于游戏美工行业的人员来说使用3D建模绘画是非常频繁的，所有软件在这一方面下的苦功是非常之多的，非常注重3D人物模型之间的细节问题，将各种模型纹理与细节上的雕刻操作功能融合于一体，帮助用户更快捷、更高效地完成相工作。

（5）Zbrush

Zbrush是专业的数字雕刻绘图软件，通过屡获殊荣的画笔系统的强大功能，为艺术家提供了更大的雕刻灵活性，主要适用于专业的设计师以及艺术绘画师使用，软件提供了全新的笔刷面板，支持自定义笔刷图标，并且拥有全新的松弛网格工具和姿态对称功能。软件提供了全新的笔刷面板，支持自定义笔刷图标，并且拥有全新的松弛网格工具和姿态对称功能，能够在提供即时反馈的实时环境下，使用可定制笔刷系统完成虚拟黏土形状、纹理的绘制。它神奇的功能可让建模师调节模型的细节程度、置换或者是在已有几何体上放置新的细节，也可以决定是使用模型还是使用纹理贴图来制作细节。

（6）JDPaint精雕软件

JDPaint精雕软件是一款数据丰富、界面友好的国产雕刻软件。JDPaint精雕软件最新版功能强大，能够很好地辅助用户完成雕刻工作，JDPaint精雕软件是精雕CNC数控雕刻系统正常运作的保证，也能有效提高CNC雕刻系统使用效率。软件精度高，能够减少很多的人工成本，节省大量加工时间，尤其是面积较大的工件。软件集成了设计、雕刻、加工等核心功能，在国内专业领域里拥有重要的席位。

第四节　JDPaint 软件概况

一、JDPaint软件介绍

    JDPaint是国产自主研制开发的、具有自主版权的、功能强大的专业雕刻CAD/CAM软件。它是国内最早的专业雕刻软件。JDPaint软件及与其配套的精雕CNC机床，是CNC数控雕刻加工正常运作的保证。JDPaint专业雕刻软件经过多年的发展完善，功能强大，同时充分保证了软件产品的易用性和实用性，极大地增强了精雕CNC雕刻机的加工能力和对雕刻领域多样性的适应能力。在应用领域上，JDPaint软件已经彻底突破了适合标牌、广告、建筑模型等较为传统的雕刻应用范畴，在技术门槛更高的工业雕刻领域，如滴塑模、高频模、小五金、眼镜模、紫铜电极等制造业表现同样出色，成为国内最优秀的雕刻软件。

二、JDPaint用户界面

    认识精雕雕刻CAD/CAM软件——JDPaint，从认识操作界面布局开始。JDPaint 5.0的用户界面是Windows系统的标准式操作界面，如图1-38所示。这个界面具有Windows系统标准的菜单栏、工具栏和工作区等。

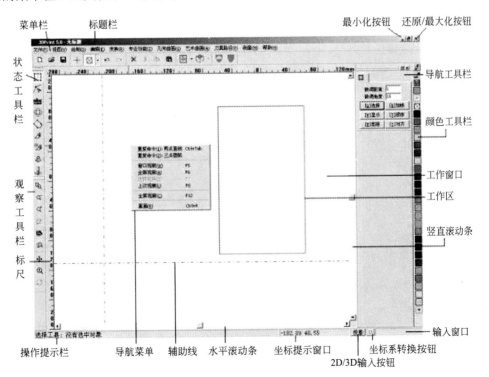

图1-38　JDPaint 5.0操作界面

JDPaint 5.0操作界面主要部件和功能见表1-1。

表1-1　JDPaint 5.0操作界面主要部件和功能

主要部件	功能
标题栏	显示当前正在执行的应用程序和正在处理的文件名称
菜单栏	菜单栏列出了应用程序可使用功能的分类
状态工具栏	状态工具栏中的每个按钮分别对应了不同的命令工具状态，每种状态对应不同的系统工作环境，可以完成相应的对象操作
观察工具栏	最常用的工具栏之一，主要支持平面视图和三维视图操作
导航工具栏	用于引导用户进行与当前状态或操作相关的工作
颜色工具栏	颜色工具栏可设置对象的显示颜色或者填充颜色
操作提示栏	显示正在使用功能的操作过程提示和操作结果
坐标提示窗口	显示鼠标在工作窗口中的坐标位置
输入窗口	一些功能的操作过程允许通过键盘输入坐标或数值、数据。这时，位于操作提示栏上的输入窗口会自动打开，准备接受键盘输入。所有的键盘输入，必须在英文输入状态下进行
2D/3D 输入按钮	该按钮提示为"投影"时，此时键盘输入的三维点或者空间捕捉点将直接投影到当前绘图平面上，作为当前绘图平面上的输入点。 该按钮提示为"空间"时，此时键盘输入的三维点或者空间捕捉点将作为系统三维空间点直接输入
坐标系转换按钮	该按钮提示为"U"时，此时键盘输入的点，将作为当前绘图面坐标系下输入的点处理 该按钮提示为"W"时，此时键盘输入的点，将作为系统世界坐标系下输入的点处理
工作窗口	用来绘图和对图形进行操作的区域
工作区	用来表示设计工作的参照区域
滚动条	分为水平和垂直滚动条两种，分别用来水平或垂直移动工作窗口中的观察区域
标尺	在 2D 显示状态，标识工作窗口的位置和尺寸。在 3D 显示状态，仅用来表示工作窗口的尺寸，不能真实反映工作窗口的位置
导航菜单	通过单击鼠标右键可弹出导航菜单，菜单中包含一些常用的命令
辅助线	为蓝色虚线，分为水平辅助线与竖直辅助线，用于辅助准确排列和放置对象。辅助线仅在二维显示状态下可见

1. 状态工具栏

状态工具栏是JDPaint系统最重要的工具栏之一，用于实现不同工具命令状态之间的切换。雕刻应用面广，应用对象特殊，针对不同行业有具体的行业要求，例如工业产品设计要求绘图高效而且设计精度要求高，而广告绘图虽不要求精确，但要求非常直观和便捷。为适应多方面的应用需求，JDPaint针对不同应用对象，设计了不同的编辑工具，相应地提供不同的工具命令状态。JDPaint针对文字、图形、图像、小型复杂曲面和非规则的艺术浮雕曲面等对象，提供五个基本工具命令，如图1-39、表1-2所示。

图1-39　状态工具栏

表1-2　状态工具栏的基本工具

基本工具	功能
图形选择工具	系统常规工作状态。在该状态下，可以进行常规的对象选取、绘图、编辑、变换、构造曲面、生成加工路径等操作
节点编修工具	系统特殊工作状态——图形节点编辑与曲线修边编辑状态。在该状态下，可以观察到图形节点的基本构成，并能通过对图形节点、控制点及曲线的移动、拉伸、删除等操作，对常规图形以及由文字、艺术变形等对象转变成的图形进行局部编修或变形处理
文字编辑工具	在该状态下，可以进行文字的录入、编辑和排版
艺术变形工具	在该状态下，可以对图形、文字等对象进行封套、透视、推拉、拉链和扭转等艺术变形
图像矢量化工具	在该状态下，可以对图像对象按灰度阈值或者按指定颜色区域，提取轮廓曲线和中心线

除了以上基本工具状态外，JDPaint可以根据系统模块定制，支持多种工具命令，见表1-3。

表1-3　状态工具栏的其他工具命令

工具命令	功能
虚拟雕塑工具	在该状态下，可以对艺术曲面进行设计、编辑和修饰。该工具是由JDVirs1.0所提供的功能。虚拟雕塑工具使得设计与编辑艺术浮雕曲面如同修改平面图像一样方便快捷，特别适合复杂的艺术浮雕、首饰设计、钱币图案、人物外貌、花草等的造型创意
曲面造型工具	该状态为工业模具设计服务，提供了复杂曲面的三维设计环境，具备强大的三维线框设计功能和NURBS曲面造型功能。该工具是由北京进取者软件技术有限公司在JDPaint平台上研发的SurfMill 1.0所提供的
数控加工工具	该状态为工业模具加工服务，提供了复杂曲面的加工环境，支持复杂曲面模型的各种加工工艺方法。同曲面造型工具一样，该工具也是由SurfMill 1.0所提供的

2. 导航工具栏

导航工具栏能引导用户进行与当前状态或操作相关的工作，是JDPaint系统中十分重要的工具栏之一。状态工具栏中的不同工具，总有一个不同的导航工具栏与之相对应。该导航工具栏会包含一些与当前工具相关的常用基础命令。

刚进入JDPaint5.0界面，系统处于图形选择工具状态时，位于界面右侧导航工具栏的状态如图1-40所示。

在一些命令执行时，会在当前的导航工具栏的下部区域动态添加一组导航选项，指导用户的操作过程。这些导航选项的形态主要包括按钮、检查框等。

另外，也有一部分命令会创建自己的导航工具栏，在此导航工具栏上，用户可输入命令参数，改变命令选项，最终完成命令执行过程。常规命令的导航工具栏被创建后，会悬挂在导航工具栏的分页窗口中的最右侧位置，命令结束后，它会被命令自动删除，分页窗口恢复原来的状态。

导航工具栏会因为当前工具和执行命令的不同，而具有不同的参数选项和形态，从而具有不同的功能和操作方法。

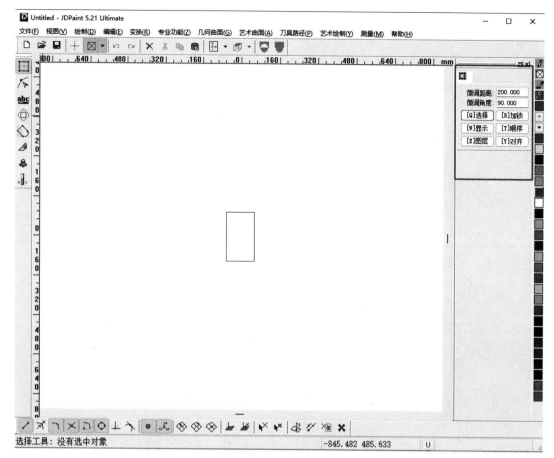

图1-40　导航工具栏

3. 颜色工具栏

"颜色工具栏"主要用于修改图形、文字等操作对象的颜色，设置轮廓线或者区域填充颜色，从而获得彩色效果图。"颜色工具栏"位于操作界面的右边，布局如图1-41所示。

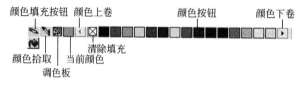

图1-41　颜色工具栏

颜色工具栏中的工具和功能见表1-4。

表1-4　颜色工具栏中的工具和功能

工具	功能
颜色填充	仅在 2D 绘制下有效，是 2D 颜色显示模式的切换开关。 按钮为🖌时，表示 2D 颜色显示模式为单线模式，所有的 2D 图形按单线显示，并且在改变对象颜色时，仅改变单线颜色，不进行颜色填充； 按钮为🖌时，表示 2D 颜色显示模式为颜色填充模式。被填充的 2D 封闭图形显示填充颜色，并且在改变对象颜色时，进行颜色填充

续表

工具	功能
颜色拾取	启动颜色拾取命令，拾取某一对象的颜色作为系统当前颜色
调色板	启动调色板命令，从颜色调色板中选择一种颜色作为系统当前颜色
当前颜色	显示系统的当前颜色
清除填充	当某一选中对象（轮廓曲线或者区域）处于颜色填充绘制状态时，单击该按钮，取消该对象颜色填充状态
颜色按钮	颜色按钮列表中列出了几十种颜色，有两种用法： ① 当系统有选中对象时，单击颜色按钮中的任意一种颜色，将直接修改选中对象的显示颜色； ② 当系统没有选中对象时，单击颜色按钮中的任意一种颜色，将指定颜色设置为系统当前颜色
颜色上卷	显示上一卷的颜色
颜色下卷	显示下一卷的颜色

　　通过颜色调色板设置系统当前颜色。单击"调色板"按钮可以弹出"颜色"对话框，如图1-42所示，选中一种颜色，单击"确定"后，实现系统当前颜色设置。

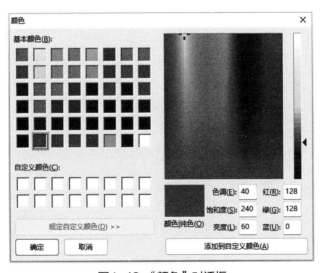

图1-42 "颜色"对话框

三、菜单命令

　　菜单是应用程序的操作命令集，如图1-43所示，按照其功能不同分为若干菜单组。JDPaint的菜单有下拉式菜单、弹出式菜单两种。

1. 下拉式菜单

　　主菜单栏中所有的菜单项都是下拉式菜单，包括"文件、视图、绘制、编辑、变换、专业功能、几何曲面、艺术曲面、刀具路径、艺术绘制测量、帮助"等菜单项，用鼠标单击一下其中的一个菜单项，或者使用键盘组合键"Alt+菜单项右侧括号中的大写字母"，就会拉下来一串菜单，故称下拉式菜单。如图1-44所示，单击"绘制"菜单项，或使用键盘组合键"Alt+D"，即可弹出下拉式菜单，菜单中列出了所有的绘制命令。

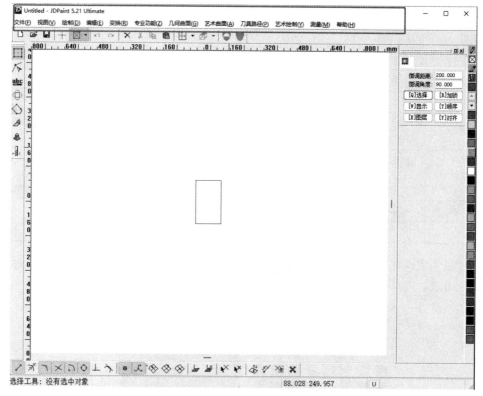

图1-43 菜单栏

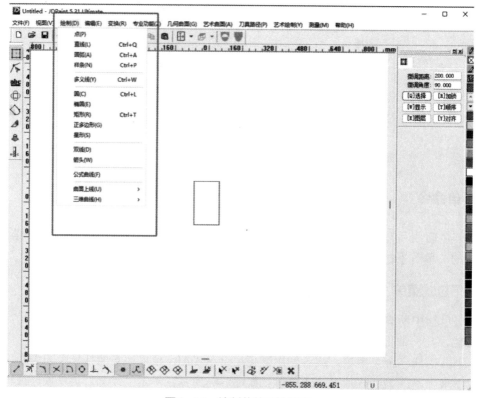

图1-44 绘制菜单下拉状态

每个菜单项都包含若干条菜单命令，它们可以是：

① 子菜单项——子菜单项右边带有"▶"表示本身不能被执行，而是带有下一级菜单项。

② 菜单命令——可执行的操作命令。

可执行的菜单命令大体可分为四类，见表1-5。

表1-5　可执行的菜单命令及其功能

可执行的菜单命令	功能
命令右边带有"…"	表示执行时要弹出一个对话框，在对话框中要求用户选择或输入一定的参数才能继续执行命令
以黑色亮字符显示	表示当前状态下此命令可执行
以灰色暗字符显示	表示当前状态下不能使用此命令
开关式菜单命令	此类命令通常没有明显的执行动作，它在程序运行期间始终起作用或始终不起作用，直至用鼠标单击后改变它的作用状态。 此类命令前面有"√"，表示正在起作用，无"√"则表示不起作用

如图1-45所示标注了"视图"菜单命令的展开状态。

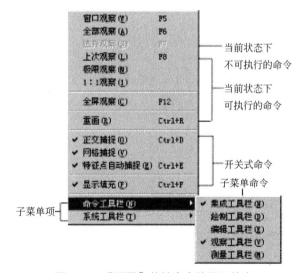

图1-45　"视图"菜单命令的展开状态

2. 弹出式菜单

弹出式菜单平时不可见，在JDPaint中通常是单击按鼠标右键弹出，弹出的菜单只有菜单命令。单击右键时，鼠标指向的位置不同，弹出的菜单内容就可能不同。弹出式菜单中的命令包含了一些常用命令和一些与上下文相关的命令。

以图形选择工具状态为例，在JDPaint工作窗口中的绘图区单击鼠标右键，即可弹出一个弹出式菜单，这个菜单也称为导航菜单，如图1-46所示。

弹出式菜单命令布局说明见表1-6。

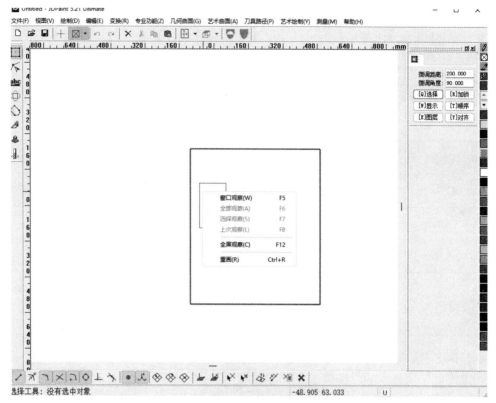

图1-46 弹出式菜单

表1-6 弹出式菜单命令布局说明

弹出式菜单命令	说明
最近的 两次操作命令	即：重复命令(1)和重复命令(2)。 单击其中的一个命令，可对此命令进行再次操作。"重复命令(1)和重复命令(2)"只有在进行了两次不同的操作之后才会显示出来（撤销、重做命令及视窗操作命令除外）
对象属性	选中一个或一组对象，可查看它们的属性。未选择对象时，此命令不显示
观察命令	即"窗口观察、全部观察、选择观察、上次观察"。这四个命令始终存在于导航菜单中可供选择执行
辅助线编辑	鼠标未指向辅助线时，此命令不显示。用鼠标指向一条辅助线，单击右键，可弹出辅助线编辑的对话框
重画	此命令用于重画当前视图

第五节　JDPaint 基本操作

一、JDPaint操作基础

　　JDPaint是一个集精确绘图与非精确绘图于一体的CAD/CAM软件系统。在绘图时，可以用鼠标来进行点的捕捉，也可直接由键盘输入精确的坐标位置。使用JDPaint提供的命令进行创建和修改图形，显示屏幕、键盘和鼠标是必不可少的图形交互工具。JDPaint系统中的基本操作大多数符合Windows操作习惯，但是在一些键盘和鼠标的操作功能方面也做了新的约定。

本章着重阐述键盘和鼠标在JDPaint系统中一些约定用法，以及为提高图形设计效率所提供的一些快捷使用技巧，最后再阐述JDPaint命令操作交互规范。

1. 键盘操作

键盘一般用来输入操作数据，或者执行操作命令。在JDPaint系统中，其功能主要有下述几种：

- 输入数据；
- 录入文字；
- 常用功能键；
- 导航功能键；
- 组合键操作；
- 快捷键操作。

2. 输入数据

在命令执行过程中，在屏幕窗口右下角的输入窗口 ▣ 中可以通过键盘输入所需要的数值参数，如点坐标、长度、角度等。输入完毕后按回车键（Enter键）即可将数值输入。

提示：如果使用小键盘输入数据时，要注意Num Lock灯是否开启，如果灯关闭，按下Num Lock键来切换，只有Num Lock灯亮时，输入的数值才有效。数据输入时，不能也不必用鼠标单击输入窗口使其产生光标，当输入窗口变亮时，直接使用键盘输入数字即可。

注意：输入数据时，一定要在英文输入状态下进行操作。

3. 录入文字

在文字工具状态下，可以通过键盘输入文字。

4. 常用功能键

常用功能键在JDPaint中有一些特殊的约定用法。熟悉常用功能键定义，对于熟练应用JDPaint软件有重大帮助。常用功能键的约定用法见表1-7。

表1-7 常用功能键的约定用法

常用功能键	名称	用法
Esc	ESC键	① 结束当前命令任务。 ② 关闭当前对话框
←Enter	Enter键	① 确认当前命令进入下一步。 ② 结束当前命令任务。 ③ 关闭当前对话框
	Space 空格键	在输入点、长度或者角度时，按下空格键，进入精确定点、定长或者定角度命令

续表

常用功能键	名称	用法
Shift	Shift 键	① 用鼠标进行对象选择时，按下 Shift 键可实现对象的累加选择。 ② 用鼠标进行对象快速变换时，按下 Shift 键可切换变换方式。移动功能改变为复制功能，拉伸功能改变为倾斜功能。 ③ 在渲染显示时，按住 Shift 键，按住鼠标右键，拖动鼠标，可平移视窗进行观察
Ctrl	Ctrl 键	① 用鼠标进行对象选择时，按下 Ctrl 键可取消对象的选择状态。 ② 在渲染显示时，按住 Ctrl 键同时按下鼠标右键并拖动鼠标，可以进行视窗的三维观察。 ③ 在正交模式鼠标输入点时，按住 Ctrl 键可输入短轴坐标，否则，输入长轴坐标。 ④ 在对操作对象进行快速变换时，按住 Ctrl 键，可以保证中心位置不变
Ctrl+Tab	Ctrl+Tab	重复上一步命令
Page Up	Page Up	视窗放大
Page Down	Page Down	视窗缩小
← Back Space	Back Space	在"文字编辑工具"状态下，删除光标前面的字符
上下左右键	上下左右键	① 在"图形选择工具"状态下： 可以按"微调距离"移动被选中的目标。 移动的同时按住 Ctrl 键，可以按"微调距离"复制图形。 移动的同时按住 Shift 键，可以按"微调角度"旋转图形。 ② 在"结点编修工具"状态下： 可以按"微调距离"移动被选中的节点。 ③ 在"文字编辑工具"状态下： 可以移动输入文字的光标。 同时按住 Shift 键，可实现对文字字符的选择
Delete	Delete	① 在"图形选择工具"和"结点编辑工具"状态下，可以删除被选中的目标。 ② 在"文字编辑工具"状态下可以删除光标后面的字符
Home	Home	在"文字编辑工具"状态下： ① 可以快速地把光标移动到光标所在行的行首。 ② Ctrl+Home 键可以快速把光标移到该文档的文首。 ③ Shift+Home 键可以快速地选择从光标位置到光标所在行的行首之间的文字
End	End	在"文字编辑工具"状态下： ① 可以快速地把光标移动到光标所在行的行末。 ② Ctrl+End 键可以快速把光标移到该文档的文末。 ③ Shift+End 键可以快速地选择从光标位置到光标所在行的行末之间的文字

5. 导航功能键

导航功能键是JDPaint有特色的键盘快捷操作方式。之所以称为导航功能键，是这些键都出现在导航工具栏中，随着不同的工具状态、不同的运行命令而动态地发生变化。使用者可以通过敲击一个按键快速启动一个新的命令，或者完成命令功能选项的选择。一般而言，导航功能键都是可见的，凡在导航工具栏中选项字符出现可选状态时，那么该字符即是一个导航功能键，那么该字符即是一个导航功能键。如图1-47所示，是直线绘制命令运行时在导航工具栏上添加的导航选项。

如图1-47所示，直线绘制命令的导航选项可以用从A～K这几个导航功能键进行快速设置，从而完成各种不同方法的直线绘制。需要注意的是，只有绘图窗口具有输入焦点时，导航功能键的使用才有效。

图1-47　直线绘制命令的导航选项

6. 组合键操作

组合键是常用到的典型Windows操作风格的键盘快捷操作之一。在JDPaint软件中，每个菜单名称和菜单命令都对应着一个字母，所以可以在按住Alt键的同时，按下"菜单名称字母"后，弹出"下拉菜单"，然后敲击"菜单命令字母"，即：

Alt键＋菜单名称字母→菜单命令字母

例如："文件"菜单名称是"F"，"打开"命令是"O"，那么"打开"的组合键操作就是"Alt键+F→O"，其他命令操作类似，通过各个不同字母组合完成需要的命令。

二、JDPaint快捷键操作

快捷键是启动JDPaint中常用命令最快捷的方法，它与常用功能键、导航功能键的有机结合，形成一整套方便、快捷的JDPaint系统操作命令体系。JDPaint中常用命令快捷操作，详细说明参照表1-8常用快捷键表。

表1-8　常用快捷键表

序号	菜单类	菜单命令	快捷键	说明
1	文件	新建	Ctrl+N	建立新文档
2		打开	Ctrl+O	打开一个现有的文档
3		保存	Ctrl+S	保存活动文档
4	查看	窗口观察	F5	对图形进行窗口放大
5		全部观察	F6	将所有的图形显示到整个工作窗口
6		选择观察	F7	将选择的图形显示到整个工作窗口
7		上次观察	F8	恢复到上次的工作窗口
8		全屏观察	F12	开启或关闭全屏绘图模式
9		重画	Ctrl+R	重新显示工作窗口
10		正交捕捉	Ctrl+D	开启或关闭正交捕捉模式
11		特征点自动捕捉	Ctrl+E`	开启或关闭特征点自动捕捉模式
12		显示填充	Ctrl+F	显示或隐藏填充颜色

续表

序号	菜单类	菜单命令	快捷键	说明
13	绘制	直线	Ctrl+Q	绘制直线
14		圆弧	Ctrl+A	绘制圆弧
15		多义线	Ctrl+W	绘制多义线
16	编辑	撤销	Ctrl+Z	撤销一步操作
17		剪切	Ctrl+X	剪切被选对象，并将其置于剪贴板上
18		复制	Ctrl+C Ctrl+Ins	复制被选对象，并将其置于剪贴板上
19		粘贴	Ctrl+V Shift+Ins	插入剪贴板内容
20		删除	Delete	删除被选对象
21		切断	Alt+1	图形切断
22		修剪	Alt+2	图形快速裁剪
23		延伸	Alt+3	非闭合图形延伸
24		倒圆角	Alt+4	
25		倒斜角	Alt+5	
26		连接	Alt+6	
27		区域等距	Ctrl+1	计算轮廓曲线区域的等距线
28		区域焊接	Ctrl+2	曲线轮廓区域的求并运算
29		区域剪裁	Ctrl+3	曲线轮廓区域的相减运算
30		区域相交	Ctrl+4	曲线轮廓区域的求交集运算
31	变换	集合	Alt+F2	将被选图形组合为一个集合
32		取消集合	Alt+F3	将被选图形打散成为单个图形

第二部分

操作篇

JDPaint

第二章 绘制图形

第一节 绘制规则几何图形

一、绘制点

绘制一个或多个二维点对象，如图2-1所示。

操作步骤：

① 启动绘制点命令：单击"绘制（D）"→"点（P）"菜单项或绘制工具条中 ⊠ 按钮。

② 输入点：输入要绘制点的位置，点输入的三种方法即：

    a. 点坐标鼠标输入；

    b. 点坐标键盘输入；

    c. 点坐标发生器输入。

完成多个点的绘制后，单击右键结束命令。

图2-1 鼠标直接绘制点

二、绘制直线

导航工具栏中的直线绘制选项如图2-2所示。直线绘制选项和功能见表2-1。

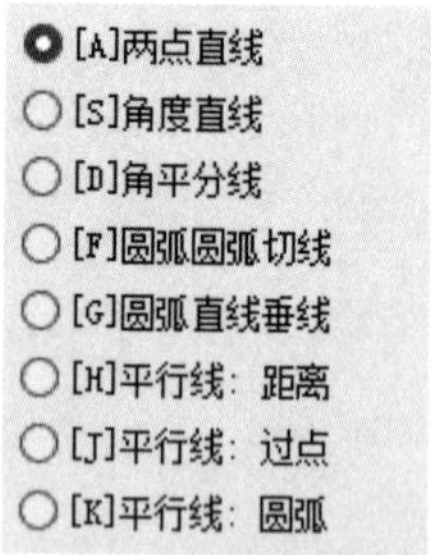

图2-2 直线绘制选项

表2-1 直线绘制选项和功能

直线绘制选项	功能
两点直线	绘制通过两点的直线
角度直线	绘制通过一点并与 X 轴成一定角度的直线
角平分线	绘制两条互成角度的直线的角平分线
圆弧圆弧切线	绘制两个圆或圆弧的内外公切线
圆弧直线垂线	绘制和一圆／圆弧相切并与一已知直线垂直的直线
平行线：距离	绘制在一定距离处和已知直线平行的直线
平行线：过点	绘制过一点并与一已知直线平行的直线
平行线：圆弧	绘制与一已知直线平行且与一圆／圆弧相切的直线

1. 直线→两点直线

定义直线起点和末点来创建一条直线。

操作步骤：

① 启动两点直线命令：单击"绘制（D）"→"直线（L）"菜单项或绘制工具条中的 ＼ 按钮；在导航工具栏中选择 ⊙ [A]两点直线 选项。

② 输入直线的起点：输入直线的起点。

③ 输入直线的末点：输入直线的末点。可输入多个点来绘制连续的直线段，单击右键结束。

说明：

可以打开绘图的正交模式来绘制水平或垂直的直线。

2. 直线→角度直线

绘制通过一点并与X轴成一定角度的直线，如图2-3所示。

操作步骤：

① 启动角度直线命令：单击"绘制（D）"→"直线（L）"菜单项或绘制工具条中的 ＼ 按钮；在导航工具栏中 ⊙ [S]角度直线 选择绘制选项。

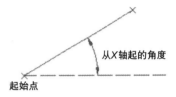

图2-3　角度直线绘制方法

② 输入直线的起点：输入直线起始点。

③ 输入直线角度：可以单击鼠标右键接受括号中的默认值，或直接输入角度值，也可以通过鼠标定义另外一点来确定直线的角度方向值。角度是依照逆时针方向从X轴正向开始计算的。

④ 输入直线长度：可以单击鼠标右键接受括号中的默认值，或直接输入直线长度，也可以拖动"橡皮筋"在角度方向上定义另外一点来确定直线的长度。直线的长度为相对于起始点"橡皮筋"方向上的长度。

⑤ 输入直线的起点：输入下一个角度直线的起点，或单击鼠标右键结束。可连续绘制多条角度直线。

说明：

当确定了直线的角度后，移动鼠标，此时屏幕中的"橡皮筋"将被限制在该角度或该角度加180°的方向上。

3. 直线→角平分线

绘制两条互成角度的直线的角平分线，如图2-4所示。

操作步骤：

① 启动角平分线命令：单击"绘制（D）"→"直线（L）"菜单项或绘制工具条中的 ＼ 按钮；在导航工具栏中选择 ⊙ [D]角平分线 绘制选项。

② 选择直线1：拾取第一条直线。

③ 选择直线2：拾取第二条直线。

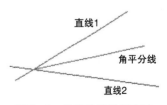

图2-4　角平分线绘制方法

④ 输入直线长度：可以单击鼠标右键接受括号中的默认值，或直接输入直线长度后按回车键，也可以拖动"橡皮筋"在角度方向上定义另外一点来确定直线的长度。

⑤ 选择保留直线：从四条角平分线中，拾取一条需要保留的直线段。

说明：

① 要绘制的角平分线的起点为这两条互成角度的直线或直线延长线的交点。

② 两条互成角度的直线有四个夹角，因此选择了两条直线后，就有四个方向上的角平分线可供选择（图2-5）；系统将根据用户拾取两条曲线的位置确定一默认的方向，用鼠标拖动"橡皮筋"的方向将限制在这四个方向上。定义的直线的长度为相对于起始点在"橡皮筋"方向上的长度。

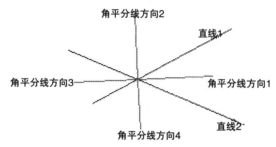

图2-5　两条直线的四个角平分线方向

4. 直线→圆弧圆弧切线

绘制两个圆或圆弧的内外公切线，如图2-6所示。

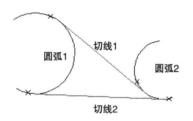

图2-6　两圆弧切线绘制方法（×表示圆弧的拾取位置）

操作步骤：

① 启动圆弧切线命令：单击"绘制（D）"→"直线（L）"菜单项或绘制工具条中 按钮；在导航工具栏中选择 选项。

② 选择圆或圆弧1：拾取第一个圆或圆弧。

③ 选择圆或圆弧2：拾取第二个圆或圆弧。

④ 选择圆或圆弧1：拾取绘制下一条公切线的第一个圆或圆弧，或单击鼠标右键结束。可连续绘制多条两圆弧切线。

说明：

两个圆/圆弧之间的切线可能有四条，包括两条内公切线和两条外公切线。系统将根据拾取圆/圆弧的位置来确定要绘制的切线。

注意：切线可能与圆弧相切于其延长线上。图2-6所示"×"表示圆弧的拾取位置不同，分别绘制出两圆的内公切线和外公切线。

5. 直线→圆弧直线垂线

绘制与一圆弧相切并与一已知直线垂直的直线，如图2-7所示。

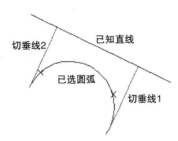

图2-7 绘制与一圆弧相切并与一已知直线垂直的直线（×表示圆弧的拾取位置）

操作步骤：

① 启动圆弧直线垂线命令：单击"绘制（D）"→"直线（L）"菜单项或绘制工具条中 ＼按钮；在导航工具栏中选择 ⊙ [g]圆弧直线垂线 选项。

② 选择圆弧（或圆）：拾取要相切的圆或圆弧。

③ 选择直线：拾取要垂直的直线。

④ 选择圆弧（或圆）：拾取绘制下一条切垂线时要相切的圆或圆弧，或单击鼠标右键结束。可连续绘制多条与一圆弧相切并与一已知直线垂直的直线。

说明：

① 和一圆/圆弧相切并与一已知直线垂直的直线可能有两条，系统将生成与圆/圆弧拾取位置最近的那一条直线，如图2-7所示。

② 所绘制的切垂线可能与所选的圆弧相切于圆弧的延长线上，与所选的直线的垂足也可能在所选直线的延长线上。

6. 直线→平行线：距离

绘制在一定距离处和已知直线平行的直线，如图2-8所示。

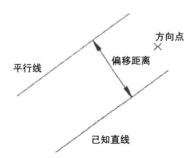

图2-8 绘制在一定距离处和已知直线平行的直线

操作步骤：

① 启动距离平行线命令：单击"绘制（D）"→"直线（L）"菜单项或绘制工具条中 ＼按钮；在导航工具栏中选择 ⊙ [H]平行线 距离 选项。

② 选择直线：拾取一条已知的直线。

③ 输入等距距离：可以单击鼠标右键接受括号中的默认值，或直接输入距离值后回车。

④ 选择方向：选择直线偏移方向，在直线的某一侧单击鼠标左键拾取一方向点即可。

⑤ 选择直线：拾取一条直线开始绘制下一条距离平行线，或单击鼠标右键结束。可以连续绘制多条距离平行线。

说明：

绘制出的平行线和已知直线等长度。

7. 直线→平行线：过点

绘制过一点并与一已知直线平行的直线，如图2-9所示。

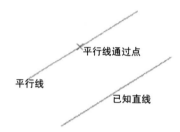

图2-9 绘制过一点并与一已知直线平行的直线

操作步骤：

① 启动过点平行线命令：单击"绘制（D）"→"直线（L）"菜单项或绘制工具条中 ＼ 按钮；在导航工具栏中选择⊙【J】平行线 过点 选项。

② 选择直线：拾取一条已知的直线。

③ 选择点：输入平行线要通过的点。

④ 选择直线：拾取一条直线开始绘制下一条过点平行线，或单击鼠标右键结束。可连续绘制多条过点平行线。

说明：

绘制出的平行线与已知直线等长度。

8. 直线→平行线：圆弧

绘制与一已知直线平行且与一圆弧相切的直线，如图2-10所示。

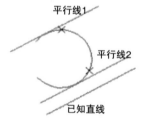

图2-10 绘制与一已知直线平行并与一圆弧相切的直线（×表示圆弧的拾取位置）

操作步骤：

① 启动圆弧平行线命令：单击"绘制（D）"→"直线（L）"菜单项或绘制工具条中

╲按钮；在导航工具栏中选择 ⊙ [K]平行线：圆弧 选项。

② 选择直线：拾取一条直线。

③ 选择圆弧（或圆）：拾取一条圆或圆弧。

④ 选择直线：选择一直线开始绘制下一条圆弧平行线，或单击鼠标右键结束。可以连续绘制多条圆弧平行线。

说明：

① 与一直线平行且与一圆/圆弧相切的直线可能有两条，系统将生成与圆/圆弧拾取的位置最近的那条直线。

② 生成的平行线与已知直线等长度。

③ 生成的平行线与所选圆弧可能在二者的某一或同时在二者的延长线上相切。

三、绘制圆弧

导航工具栏中的圆弧绘制选项如图2-11所示。圆弧绘制选项和功能见表2-2。

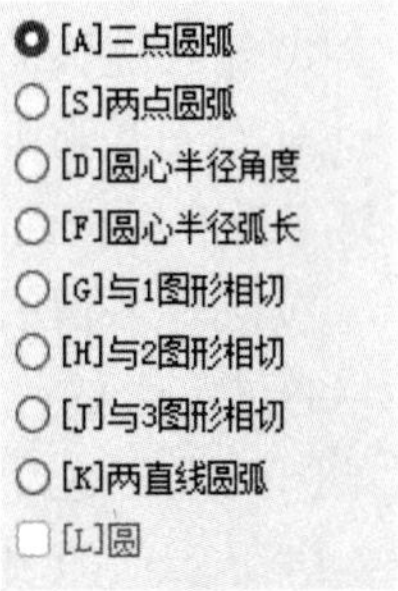

⊙ [A]三点圆弧
○ [S]两点圆弧
○ [D]圆心半径角度
○ [F]圆心半径弧长
○ [G]与1图形相切
○ [H]与2图形相切
○ [J]与3图形相切
○ [K]两直线圆弧
☐ [L]圆

图2-11 圆弧绘制选项

表2-2 圆弧绘制选项和功能

圆弧绘制选项	功能
三点圆弧	已知圆弧圆周上的三个点，绘制圆弧
两点圆弧	已知两点和圆弧半径绘制圆弧
圆心半径角度	已知圆心、半径和起始角、终止角绘制圆弧
与1图形相切	已知一曲线及该曲线上一点和圆弧的半径绘制圆弧，使该圆弧和已知曲线相切于该点
与2图形相切	已知两条曲线和圆弧半径绘制圆弧，使该圆弧和这两条已知曲线均相切
与3图形相切	已知三条曲线绘制圆弧，使该圆弧和这三条已知曲线均相切
两直线圆弧	已知两条直线和圆弧半径绘制一圆弧，使圆弧与第一条直线相切并且圆心在第二条直线上
圆	选中该选项，可绘制与1图形、2图形或3图形相切的圆

1. 圆弧→三点圆弧

已知圆弧圆周上的三个点，绘制圆弧，如图2-12所示。

操作步骤：

① 启动三点圆弧命令：单击"绘制（D）"→"圆弧（A）"菜单项或绘制工具条中的 ⌒ 按钮；在导航工具栏中选择 ⊙ [A]三点圆弧 选项。

② 输入第一点：输入圆弧的起始点。

③ 输入第二点：输入圆弧上的第二个点。

④ 输入第三点：输入圆弧的终止点。

⑤ 输入第一点：输入下一段圆弧的起始点，或单击鼠标右键结束。可以连续绘制多个圆弧段。

说明：

输入的三个点不能在一条直线上，否则不能生成圆弧。

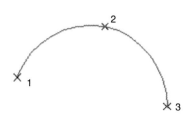

图2-12 通过三点绘制圆弧

2. 圆弧→两点半径圆弧

已知两点和圆弧半径绘制圆弧，如图 2-13 所示。

操作步骤：

① 启动两点半径圆弧命令：单击"绘制（D）"→"圆弧（A）"菜单项或绘制工具条中的 ⌒ 按钮；在导航工具栏中选择 ⊙ [2]两点圆弧 选项。

图 2-13 利用半径绘制圆弧

② 输入圆弧的起始点：输入圆弧起始点。

③ 输入圆弧的终止点：输入圆弧终止点。

④ 输入圆弧半径：输入圆弧半径，可单击鼠标右键接受括号中的默认值，也可直接输入新半径值后按回车键。

⑤ 选择保留圆弧部分：点击要保留的圆弧段即可。

通过定义的起始点、终止点和半径可以确定两条或四条圆弧段，这时屏幕上将显示所有可选的圆弧段。如图 2-14 所示，其中 p_1 和 p_2 点为起始点和终止点，A_1、A_2、A_3 和 A_4 为四段供选择的圆弧。

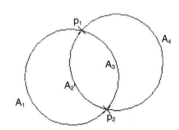

图 2-14 选择圆弧段

⑥ 输入圆弧的起始点：可输入绘制下一个圆弧的起始点，或单击鼠标右键结束。可以连续绘制多条两点半径圆弧。

说明：

起始点和终止点定义后，如果输入的圆弧半径太小，系统弹出对话框提示用户应该输入的最小圆弧半径，据此值重新输入合适的半径值即可。

3. 圆弧→圆心半径角度

已知圆心、半径和起始角度、终止角度绘制圆弧，如图 2-15 所示。

操作步骤：

① 启动圆心半径角度圆弧命令：单击"绘制（D）"→"圆弧（A）"菜单项或绘制工具条中的 ⌒ 按钮；在导航工具栏中选择 ⊙ [D]圆心半径角度 选项。

② 输入圆心：输入圆弧的圆心点。

③ 输入圆弧半径：输入圆弧半径，可单击鼠标右键接受括号中的默认值，也可直接输入新半径值后按回车键，还可以拖动"橡皮筋"用鼠标定义一点来确定。

④ 输入圆弧的起始角度（-360°～360°）：输入圆弧起始角度，可单击鼠标右键接受括号中的默认值，也可直接输入新的角度值后按回车键，还可以拖动"橡皮筋"用鼠标定义一点来确定。

⑤ 输入圆弧的终止角度（-360°～360°）：输入圆弧终止角度，可单击鼠标右键接受括号中的默认值，也可直接输入新的角度值后按回车键，还可以拖动"橡皮筋"用鼠标定义一点来确定。

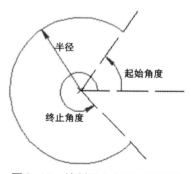

图 2-15 绘制圆心半径角度圆弧

⑥ 输入圆心：输入下一条圆弧的圆心点，或单击鼠

标右键结束。可连续绘制多条圆心半径角度圆弧。

说明：

① 起始角度和终止角度限定在–360°～360°之间，正角度是从X轴的正向逆时针计算的，负角度是从X轴的正向顺时针计算的。

② 当输入的终止角度大于起始角度时，此时的圆弧为按照逆时针方向从起始角度到终止角度的一段弧；当终止角度小于起始角度时，此时的圆弧为按照顺时针方向从起始角度到终止角度的一段弧。

4. 圆弧→与1图形相切

已知一直线及该曲线上一点和圆弧的半径绘制圆弧，使该圆弧和已知直线相切于该点，如图2-16所示。

操作步骤：

① 启动与1图形相切圆弧命令：单击"绘制（D）"→"圆弧（A）"菜单项或绘制工具条中的 按钮；在导航工具栏中选择 [g]与1图形相切 选项。

② 选择曲线1：拾取一已知曲线。

③ 选择曲线上的点：拾取该曲线上一点，用鼠标在该曲线上直接单击或捕捉一点，绘制的圆弧将和该曲线相切于本点。

④ 输入圆弧半径：输入圆弧半径，可以单击鼠标右键接受括号中的默认值，也可直接输入新的角度值后按回车键。

⑤ 选择保留圆弧部分：单击要保留的圆弧段。当曲线和曲线上的点及圆弧半径确定后，满足该条件的圆弧将有四段并全部显示在屏幕上供用户选择。如图2-17中的A_1、A_2、A_3和A_4圆弧段。

⑥ 选择曲线1：可继续拾取另一已知曲线来绘制下一个相切圆弧，或单击鼠标右键结束。可连续绘制多个与一曲线相切的圆弧。

5. 圆弧→与2图形相切

已知两条曲线和圆弧半径绘制圆弧，使该圆弧和这两条已知曲线均相切，如图2-18所示。

操作步骤：

① 启动与2图形相切圆弧命令：单击"绘制（D）"→"圆弧（A）"菜单项或绘制工具条中的 按钮；在导航工具栏中选择 [g]与2图形相切 选项。

② 选择曲线1：拾取第一条相切曲线。

③ 选择曲线2：拾取第二条相切曲线。

④ 输入圆弧半径：输入圆弧半径，可以单击鼠标右键接受括号中的默认值，也可直接输入新的角度值后

图2-16　已知直线与圆弧半径绘制圆弧并相切

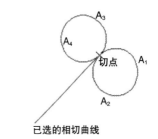

图2-17　选择符合相切原则的圆弧

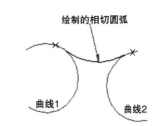

图2-18　与两段已知曲线相切绘制圆弧

按回车键。

⑤ 选择曲线1：拾取绘制下一段圆弧的第一条相切曲线，或单击鼠标右键结束。可连续绘制多个与两个曲线相切的圆弧。

说明：

① 半径输入太大或太小都可能无法创建满足该条件的圆弧；

② 圆弧可能和选择的两曲线相切于这两曲线的延长线上；

③ 两条相切曲线的拾取位置不同，可能生成不同的圆弧段。生成的圆弧段为切点离两个拾取位置点最近的那一段。

6. 圆弧→与3图形相切

已知三条曲线绘制圆弧，该圆弧和这三条曲线均相切，如图2-19所示。

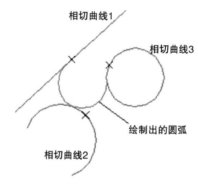

图2-19 三个切点生成一条相切圆弧

操作步骤：

① 启动与3图形相切圆弧命令：单击"绘制（D）"→"圆弧（A）"菜单项或绘制工具条中的 ⚲ 按钮；在导航工具栏中选择 ⚪ [H]与3图形相切 选项。

② 选择曲线1：拾取相切曲线1。

③ 选择曲线2：拾取相切曲线2。

④ 选择曲线3：拾取相切曲线3。

⑤ 选择曲线1：拾取绘制下一段圆弧的相切曲线1，或单击鼠标右键结束。可连续绘制多条与三曲线相切圆弧。

说明：

① 三条相切曲线的拾取位置不同可能生成不同的圆弧段，如图2-20（a）和（b）所示。

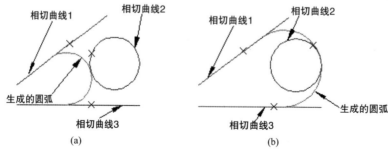

(a)   (b)

图2-20 拾取位置不同的圆弧段

② 三条相切曲线的拾取顺序不同，也可能生成不同的圆弧段。

③ 不能在三条平行直线之间生成与它们均相切的圆弧。

7. 圆弧→两直线圆弧

已知两条直线和圆弧半径绘制一圆弧，使圆弧与第一条直线相切并且圆心在第二条直线上，如图2-21所示。

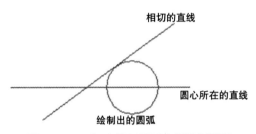

相切的直线
圆心所在的直线
绘制出的圆弧

图2-21 已知直线和圆弧半径绘制圆弧

操作步骤：

① 启动两直线圆弧命令：单击"绘制（D）"→"圆弧（A）"菜单项或绘制工具条中的 按钮；在导航工具栏中选择 [T]两直线圆弧 选项。

② 选择圆弧相切直线1：拾取第一条直线，圆弧将与该直线或延长线相切。

③ 选择圆心所在的直线2：拾取第二条直线，圆弧的圆心将位于该直线上或其延长线上。

④ 输入圆弧半径：输入圆弧半径，可以单击鼠标右键接受括号中的默认值，也可直接输入新的角度值后按回车键。

⑤ 选择保留圆弧部分：单击要保留的圆弧段即可。定义好两条直线和圆弧半径后，满足该条件的圆弧可能有两个并显示在屏幕上，如图2-22所示圆弧 A_1 和 A_2。

⑥ 选择圆弧相切直线1：可继续根据状态栏提示重复上面步骤来绘制多条两直线圆弧，或单击右键结束。

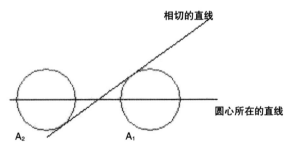

相切的直线
圆心所在的直线
A_2 A_1

图2-22 选择满足条件的圆弧

说明：

所拾取两条直线不能相互平行，否则不能生成该圆弧。

第二节　绘制不规则图形

在工程设计中，除了要绘制一些规则曲线外，还要根据测量或实验得到的一系列点绘制一条通过这些点并且光滑的曲线，称这类曲线为样条曲线。样条曲线的数学基础为Bezier曲线和B-Spline曲线。

本命令将根据输入的样条曲线所通过的点来绘制开放或闭合的样条曲线。如图2-23所示。

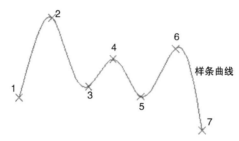

图2-23　数学中的Bezier曲线和B-Spline曲线

操作步骤：

① 启动绘制样条曲线命令：单击"绘制（D）"→"样条（N）"菜单项或绘制工具条中的 ∿ 按钮。

② 输入第1个点：输入样条曲线所通过的第一个点。

③ 输入第2个点：输入样条曲线所通过的第二个点。

④ 输入第n个点：逐次输入样条曲线所通过的数据点。可连续输入多个样条曲线通过点，单击鼠标右键结束。

一、多义线定义

多义线是作为单个对象创建的相互连接的序列线段。它是包含连续的多段线的一条曲线，其中包含的曲线段可以为直线段、圆弧段和样条曲线段等，如图2-24所示。前面绘制的直线、圆弧和样条曲线均为只包含直线段、圆弧段和样条曲线段的多义线。多义线功能是在描图过程中最常用的命令之一。

多义线绘制导航工具栏中的选项如图2-25所示，多义线绘制选项和功能见表2-3。

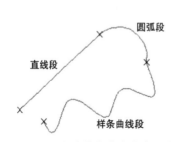

图2-24　混合线条定义为多义线

图2-25　多义线绘制导航工具栏选项

表2-3 多义线绘制选项和功能

多义线绘制选项	功能
直线	绘制通过两点的直线段
三点弧	绘制通过三点的圆弧段
起点圆心角度弧	绘制已知圆弧起点、圆心及圆弧圆心角的圆弧段
首末点角度弧	绘制已知圆弧的首末点和圆弧圆心角的圆弧段
首末点半径弧	绘制已知圆弧的首末点和半径的圆弧段
样条曲线	绘制已知通过指定点的样条曲线
平滑连接	选中该选项，所绘制的多义线的各曲线段之间将光滑相切连接（图2-26）
自动连接	选中该选项，在绘制本条多义线过程中，定义的任意一曲线段的端点与已存在的一条多义线的起始点或终止点重合时，则系统自动将这两条多义线连接成为一条多义线。注意：这时绘制当前点可能会发生变化，在新的当前点处进行下一曲线段的绘制
取消一步	单击此按钮，可撤销上一曲线段的绘制，绘制当前点随着进行变化
闭合结束	单击此按钮，可以结束多义线的绘制，并且自动将该多义线闭合

操作步骤：

① 启动多义线绘制命令：单击"绘制（D）"→"多义线（Y）"菜单项或绘制工具条中的 ⟶ 按钮。

② 绘制各曲线段：在导航工具栏中选择要绘制的曲线段选项。单击鼠标右键结束绘制，或单击 [2]闭合结束 按钮结束。

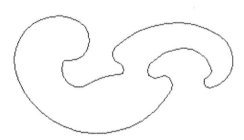

图2-26 由16段圆弧平滑连接的一条多义线

二、多义线分类

1. 多义线→直线

已知起末点绘制直线段。参照第二章第一节中"直线→两点直线"。

2. 多义线→三点弧

已知圆弧圆周上三点，绘制圆弧段。参照第二章第一节中"圆弧→三点圆弧"。

3. 多义线→起点圆心角度弧

已知圆弧起点、圆心及圆弧圆心角，绘制圆弧段，如图2-27所示。

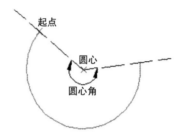

图2-27 绘制起点圆心角度弧

操作步骤：

① 启动起点圆心角度弧命令：选择导航工具栏中的 ⊙ [n]起点圆心角度弧 选项。

② 输入起点圆心角度圆弧——起点：输入圆弧起点。若本圆弧段不是多义线的首段，则起点为绘制当前点，本步略；若为多义线首段，则需要输入点坐标。

③ 输入起点圆心角度圆弧——圆心：输入圆弧圆心点。

④ 输入起点圆心角度圆弧——角度：输入圆弧圆心角，可直接输入角度值后按回车键，也可以拖动"橡皮筋"定义一点来确定。默认的圆弧的圆心角度是从圆弧的起始点开始逆时针转过的角度。按住Shift键来切换圆弧方向。

4. 多义线→首末点角度弧

已知圆弧的首末点和圆弧圆心角，绘制圆弧段，如图2-28所示。

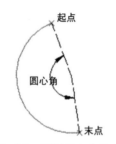

图2-28 绘制首末点角度弧

操作步骤：

① 启动首末点角度弧命令：选择导航工具栏中的 ⊙ [r]首末点角度弧 选项。

② 输入起点终点角度圆弧——起点：输入圆弧起点。若本圆弧段不是多义线的首段，则起点为绘制当前点，本步略；若为多义线首段，则需要输入点坐标。

③ 输入起点终点角度圆弧——终点：输入圆弧终点。

④ 输入起点终点角度圆弧——角度：输入圆弧圆心角，可直接输入角度值，也可以拖动"橡皮筋"定义一点来确定。

5. 多义线→首末点半径弧

已知圆弧的首末两点和半径，绘制圆弧段，如图2-29所示。

图2-29　绘制首末点半径弧

操作步骤：

① 启动首末点半径弧命令：选择导航工具栏中 `ⓒ [G]首末点半径弧` 选项。

② 输入起点终点角度圆弧——起点：输入圆弧起点。若本圆弧段不是多义线的首段，则起点为绘制当前点，本步略；若为多义线首段，则需要输入点坐标。

③ 输入起点终点角度圆弧——终点：输入圆弧终点。

④ 输入起点终点角度圆弧——半径：输入圆弧半径，可直接输入半径值后按回车键，也可以拖动"橡皮筋"定义一点来确定。

6. 多义线→样条曲线

已知样条曲线所通过的点，绘制样条曲线段。

第三节　参考图绘制矢量图形

在实际设计中，往往需要用到参考图形辅助，需要将参考图形导入软件中，才能将位图转换成矢量图形，软件虽然支持直接将位图生成矢量图，但效果受位图的像素影响较大，因此我们需要手动绘制矢量图形。

打开多义线中的样条曲线，本命令将根据输入的样条曲线所通过的点来绘制开放或闭合的样条曲线，如图2-30所示。

图2-30　导入参考图形并使用样条曲线描线

操作步骤：

① 启动绘制样条曲线命令：单击"绘制（D）"→"样条（N）"菜单项或绘制工具条中的∿按钮。

② 输入第 1 个点：输入样条曲线所通过的第一个点。

③ 输入第 2 个点：输入样条曲线所通过的第二个点。

④ 输入第 n 个点：逐次输入样条曲线所通过的数据点。可连续输入多个样条曲线通过点，单击鼠标右键结束。

说明：

① 在使用多义线样条曲线时需要用尽可能少的点位（一般来说一条曲线点位在 3 ～ 6 个）来控制曲线，如图 2-31 所示。

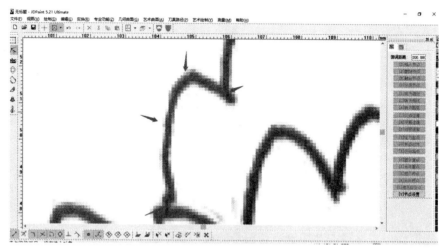

图 2-31　样条曲线的节点

② 样条曲线的开放与闭合。当运行到较大转折处时应该单击鼠标右键，暂时结束前端曲线的绘制，此时样条曲线后端呈直线状态，代表前段曲线固定，开始绘制后段曲线，如图 2-32 所示。

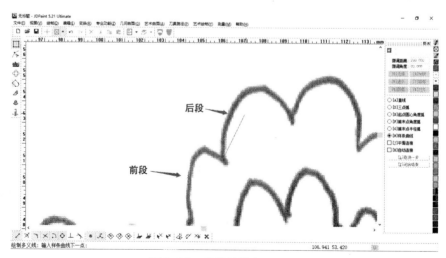

图 2-32　曲线的前段和后段

③ 当绘制完整段曲线，应双击鼠标右键，彻底结束样条曲线命令。此时样条曲线命令退出，如图2-33所示。

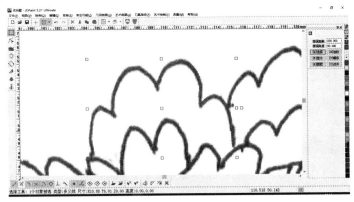

图2-33　完成绘制结束当前曲线命令

注意： 当需要再次使用样条曲线命令时需要重新打开命令。此时可使用以下三种方法：
① 使用菜单栏重新选择样条曲线，如图2-34所示。

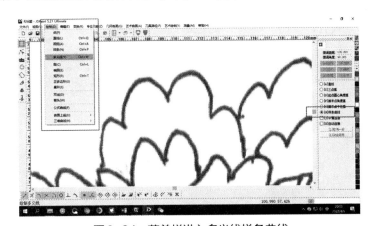

图2-34　菜单栏进入多义线样条曲线

② 单击鼠标右键选择重复命令，如图2-35所示。

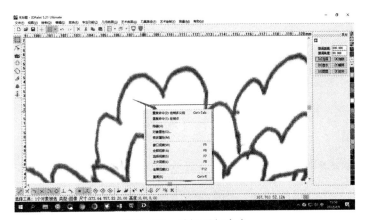

图2-35　选择重复命令

③ 使用键盘快捷键Ctrl+Tab键，重复上一次命令，如图2-36所示。

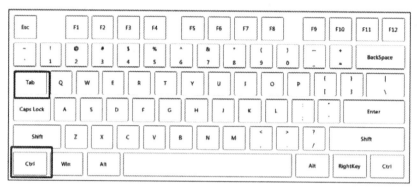

图2-36   重复命令快捷键

第四节   图形变换

图形变换的方式有：平移、旋转、镜像、倾斜和放缩，如图2-37所示。

图2-37   变换菜单

一、平移变换

平移变换指按点或距离平行移动，到达指定位置，分为两点平移法和距离平移法。

1. 平移变换→两点平移法

定义平移的基点和移动点，通过这两个点定义平移的距离和方向来进行平移变换，如

图2-38所示。

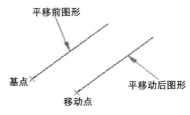

图2-38　两点法平移

操作步骤：

① 选择要平移的图形：在屏幕上拾取要平移的图形，可拾取多个图形对象。

② 启动平移变换命令：单击"变换（R）"→"平移（L）"菜单项或变换工具条中的 按钮。

③ 请输入基点：输入平移基点。

④ 请输入移动点：输入移动点。

⑤ 请输入基点：定义下一次平移的基点，或单击鼠标右键结束。可对图形进行多次平移变换。

2. 平移变换→距离平移法

通过定义图形在X和Y方向上的偏移距离确定出图形的新位置，如图2-39所示。

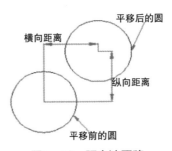

图2-39　距离法平移

操作步骤：

① 选择要平移的图形：在屏幕上拾取要平移的图形，可拾取多个图形对象。

② 启动距离平移命令：单击"变换（R）"→"平移（L）"菜单项或变换工具条中的 按钮；然后单击导航工具栏中的 [A]距离平移 按钮。

③ 定义图形在横向和纵向的偏移量：在弹出的对话框（图2-40）中定义图形在横向和纵向的偏移距离，单击"拾取>>"按钮可以启动"长度-距离发生器"来定义偏移距离。单击"确定"结束。

图2-40　距离偏移对话框

二、旋转变换

将图形绕一指定点（旋转基点）旋转一定的角度，如图2-41所示。

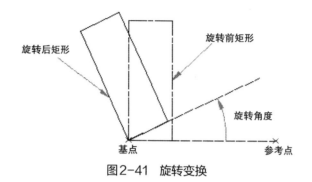

图2-41　旋转变换

操作步骤：

① 选择旋转对象：在屏幕上拾取要旋转的图形，可拾取多个图形对象。

② 启动旋转变换命令：单击"变换（R）"→"旋转（R）"菜单项或变换工具条中的 ⟳按钮。

③ 请输入基点：输入旋转基点。

④ 请输入参考点：输入旋转参考点。

⑤ 请输入旋转角度：输入旋转角度。可直接输入旋转角度，或移动鼠标确定一点来设定。

⑥ 请输入基点：输入下一次旋转的基点，或单击鼠标右键结束。可进行多次旋转变换。

旋转变换时导航工具栏中的选项如图2-42所示，功能见表2-4。

☐ [A]复制图形

图2-42　旋转变换导航工具栏选项

表2-4　旋转变换选项和功能

旋转变换选项	功能
复制图形	是否进行旋转拷贝。选中该选项，可将选择的图形在新的角度位置处进行复制；不选择该选项，则对选择的图形进行旋转移动

说明：

旋转基点和参考点定义了旋转变换的0角度方向；旋转角度是绕基点从此0角度方向上逆时针转过的角度，如图2-43所示。

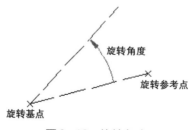

图2-43　旋转角度

三、镜像变换

对选择的图形以某一条直线为对称轴，进行对称映像或对称拷贝。

镜像变换的导航工具栏选项如图2-44所示，功能见表2-5。

图2-44 镜像变换导航工具栏选项

表2-5 镜像变换选项和功能

镜像变换选项	功能
水平镜像	对图形在水平方向上进行镜像
竖直镜像	对图形在竖直方向上进行镜像
复制图形	选择此选项为镜像拷贝，不选择此选项则为镜像移动

根据对称轴的不同，镜像变换可分为以下三种方式：

① 任意角度镜像：所定义的对称轴为任意角度方向的直线。

② 水平镜像：对称轴为过图形的中心且与X轴平行的直线。

③ 竖直镜像：对称轴为过图形的中心且与Y轴平行的直线。

1. 镜像变换→任意角度镜像

定义任意一角度的直线为对称轴来对选择的图形进行镜像，如图2-45所示。

图2-45 任意角度的镜像

操作步骤：

① 选择图形对象：在屏幕上拾取要进行镜像变换的图形，可拾取多个图形对象。

② 启动镜像命令：单击"变换（R）"→"镜像（M）"菜单项或变换工具条中的按钮。

③ 输入基点：定义镜像轴的基点。

④ 输入镜像角度：定义镜像轴的角度，可直接输入角度值，也可移动鼠标确定一点，通过基点与这个点之间的方向矢量来定义角度。角度值为绕基点从X轴正向逆时针转过的角度。

⑤ 请输入基点：定义下一次镜像的基点，或单击右键结束。可对选中的图形进行多次镜像操作。

2. 镜像变换→水平镜像、镜像变换→竖直镜像

以过图形中心且与X/Y轴平行的直线作为对称轴来对选择的图形进行镜像，如图2-46（a）和（b）所示。

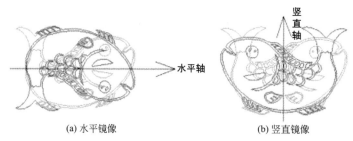

(a) 水平镜像　　　　　(b) 竖直镜像

图2-46　水平镜像和竖直镜像

操作步骤：

① 选择镜像对象：在屏幕上拾取要镜像的图形，可拾取多个图形对象。

② 启动水平镜像或竖直镜像命令：单击"变换（R）"→"镜像（M）"菜单项或变换工具条中⫙按钮；单击导航工具栏中的 [A]水平镜像 或 [S]竖直镜像 按钮。

四、倾斜变换

对选择的图形进行倾斜移动或拷贝。

操作步骤：

① 选择倾斜对象：在屏幕上拾取要进行倾斜变换的图形，可拾取多个图形对象。

② 启动倾斜变换命令：单击"变换（R）"→"倾斜（H）"菜单项或变换工具条中⫙按钮。

③ 请输入基点：输入倾斜变换的基点。

④ 请输入参考点：输入倾斜变换的参考点。

⑤ 请输入倾斜角度：输入倾斜角度，可以直接输入角度值，也可以拾取一点来确定。

⑥ 请输入基点：输入下一次倾斜变换的基点，或单击鼠标右键结束。可连续进行多次变换。

倾斜变换导航工具栏中的选项如图2-47所示，功能见表2-6。

□ [A]复制图形

图2-47　倾斜变换导航工具栏选项

表2-6　倾斜变换选项和功能

倾斜变换选项	功能
复制图形	选中该选项，则对图形进行倾斜拷贝； 不选中该选项，则对选择的图形进行倾斜移动

说明：

① 基点和参考点定义了倾斜变换的0°方向；倾斜角度是绕基点从此0°方向上逆时

针转过的角度（图2-48）。

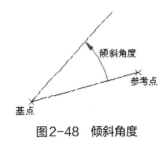

图2-48 倾斜角度

② 倾斜的基点位置不发生移动。若基点和参考点确定的矢量方向为竖直方向时，则图形沿水平方向进行左右倾斜 [图2-49（a）]；若基点和参考点确定的矢量方向为水平方向时，则图形沿竖直方向进行上下倾斜 [图2-49（b）]。

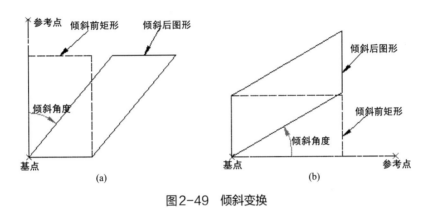

图2-49 倾斜变换

五、放缩变换

将选择的图形按照一定的比例进行放大或缩小变换，如图2-50所示。

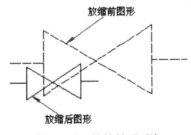

图2-50 放缩前后对比

操作步骤：

① 选择图形对象：在屏幕上拾取要放缩的图形，可拾取多个图形对象。

② 启动放缩变换命令：单击"变换（R）"→"放缩（S）"菜单项或变换工具条中的按钮。

③ 在对话框中定义放缩参数和选项：在弹出的放缩变换对话框（图2-51）中定义放缩比例、放缩中心点和其他变换选项，单击"确定"按钮结束。

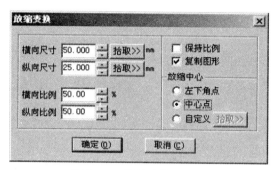

图2-51 放缩变换对话框

放缩变换对话框中的参数和选项定义见表2-7。

表2-7 放缩变换选项和功能

放缩变换选项	功能
横向尺寸	输入图形变换后的横向尺寸（X轴方向尺寸）
纵向尺寸	输入图形变换后的纵向尺寸（Y轴方向尺寸）
横向比例	输入放缩变换后的横向百分比（X轴方向尺寸变换倍数）
纵向比例	输入放缩变换后的纵向百分比（Y轴方向尺寸变换倍数）
保持比例	选中此选项，则在变换时保持原图形的横纵比例，即横向和纵向按等比例进行放缩。若要进行等比例放缩，要先选中该选项，再调整横向或纵向的尺寸或比例
复制图形	放缩变换同样也有拷贝和移动两种方式。选中此选项为拷贝方式，变换后保留原图形；不选该选项为移动方式，变换后删除原图形
放缩中心	放缩变换前后，图形在放缩中心位置不变。 放缩中心常常为图形的左下角点或中心点，也可以选择"自定义"选项，然后单击"拾取 >>"按钮，通过"点发生器"确定一点来作为放缩中心。 放缩中心不同，变换后的图形位置不同，如图2-52所示

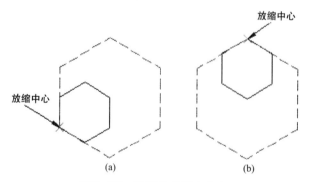

图2-52 不同的放缩中心点

说明：

可以对图形在横向和纵向进行等比例或不等比例的缩放变换。在对话框中确定放缩比例因子有两种方式：

① 输入变换后图形在横向和纵向的尺寸大小，系统自动计算出比例因子；

② 以百分比的形式，输入图形在横向和纵向的尺寸变化比例。

对话框中的这两种方式是相互关联的，当输入"横向尺寸"或"纵向尺寸"时，"横向比例"或"纵向比例"也随着变动。反之当输入比例数值时，尺寸数值也随着变动。

第三章

虚拟雕塑应用

第一节　颜色工具

一、颜色工具概述

在软件中开始建模的第一步即填充颜色，这里的颜色是计算机识别区块的唯一方式，也是人机之间交互最直观、便捷的方式。

RGB概念：计算机可以通过颜色的RGB值变化，准确识别256×256×256种颜色，多达16777216种。RGB颜色通常也称为1600万色或千万色，也称为24位色（2的24次方）。

这里的颜色和在Photoshop等绘图软件中的作用完全不同。颜色在精雕JDPaint软件中仅仅是作为区分区块使用。

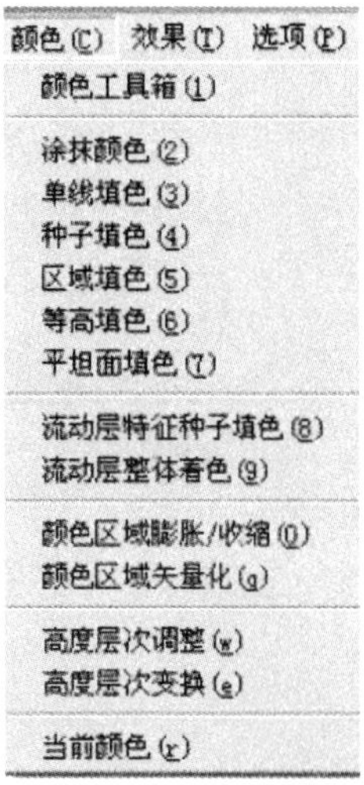

二、颜色菜单介绍

颜色在虚拟雕塑中的作用体现在以下四个方面（颜色工具菜单栏如图3-1所示）：

① 颜色模板，界定操作的影响范围。

② 利用颜色区域生成浮雕。

③ 利用颜色区域定义特征。

④ 给模型上色，观察效果。

图3-1　颜色工具菜单栏

1. 颜色工具箱

常用颜色命令的集合，包括单线填色、种子填色、区域填色、等高填色、涂抹颜色五个命令。

操作步骤：

① 选择命令"颜色—颜色工具箱"，导航区出现菜单，如图3-2所示。

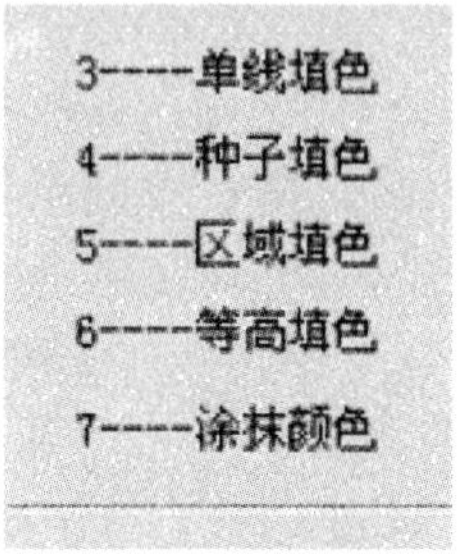

② 左手按相应的数字键，即可进入相应的命令，命令操作完毕，鼠标右键退出命令，左手再按其他的数字键，即可进入另外

图3-2　填色参数

的命令。省去了选菜单的过程。

2. 涂抹颜色

在模型上随手涂抹颜色，如图3-3所示。

操作步骤：

① 选择命令"颜色—涂抹颜色"。

② 调整刷子大小。在右侧的颜色工具条上选择一个颜色，然后在雕塑模型上按鼠标左键涂抹即可。命令中间若要改变颜色，可在右侧颜色工具条上重新选择。擦除/整体擦除命令可擦除部分或全部颜色，取消/重做操作对颜色命令有效。

3. 单线填色

单线以当前颜色的形式沿Z轴投影到雕塑模型上，如图3-4所示。

预操作：利用绘制功能在模型上绘制一些二维图形元素。

操作步骤：

① 选择命令"颜色—单线填色"。

② 在右侧的颜色工具条上选择当前颜色。移动鼠标到二维图形处，当其改变颜色时，单击鼠标左键，即可完成单线填色。单线填色常与种子填色配合使用，先用单线填色，然后再用种子填色。这样对描图的要求比较低，即使图形不构成封闭的区域，甚至出现自交、互交等情况，亦能把其中的区域填上要求的颜色。

4. 种子填色

把相邻同色顶点置为当前颜色，如图3-5所示。

预操作：在模型上分割不同颜色的一些区域。

操作步骤：

① 选择命令"颜色—种子填色"。

② 首先在颜色工具条上选择当前颜色。接着在一个颜色区域中单击左键，系统把单击处曲面顶点置为当前颜色，如果其相邻顶点的颜色与单击处顶点的原始颜色相同，亦置为当前颜色，重复这一过程，直到没有满足条件的顶点。种子填色可用于填色，亦可用于替换一个颜色区域的颜色。

5. 区域填色

把一闭合区域的内部或外部填上当前颜色，如图3-6所示。

预操作：在模型上绘制一些二维闭合区域。

操作步骤：

① 选择命令"颜色—区域填色"。

② 首先在颜色工具条上选择颜色。接着移动鼠标到二维闭合区域，当其改变颜色时，单击左键以选择该区域。如果填充区域的内部，在其内部单击左键，如果填充区域的外部，在其外部单击左键。

6. 等高填色

把整个模型或模型的一个局部高于或低于某一高度值的顶点设为当前颜色，如图3-7所示。

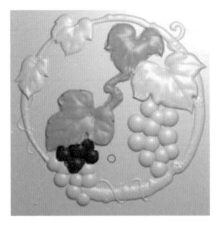

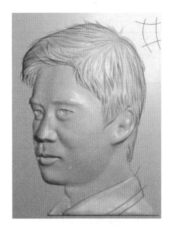

图3-3　涂抹颜色　　　　　　　图3-4　单线填色

图3-5　种子填色　　　　　　　　图3-6　区域填色

操作步骤:

① 选择命令"颜色—等高填色"。

② 设置参数，然后在模型上某处单击鼠标左键。

等高填色对话框如图3-8所示，等高填色参数定义见表3-1。

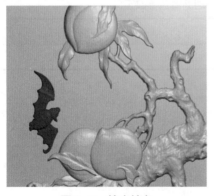

图3-7　等高填色　　　　　　图3-8　等高填色对话框

表3-1　等高填色参数定义

等高填色参数	定义
高于	把整个模型或模型的一个局部不低于鼠标单击处顶点高度值的顶点设为当前颜色
低于	把整个模型或模型的一个局部不高于鼠标单击处顶点高度值的顶点设为当前颜色

续表

等高填色参数	定义
整体	搜索整个模型
局部	仅仅搜索鼠标单击处单连通的一个局部
流化	仅对"高于"选项有效。把整个模型或模型的一个局部不低于鼠标单击处顶点高度值的顶点设为当前颜色，并把填色的这一部分材料从固化层移到流动层上，以方便后续处理

7. 平坦面填色

把相邻顶点之间高度落差小于一给定的数值的顶点集合置为当前颜色，如图3-9所示。
操作步骤：
① 选择命令"颜色—平坦面填色"。
② 设置参数，然后在模型上待填色处单击鼠标左键（如图3-10所示）。

图3-9　平坦面填色

图3-10　平坦面填色对话框

平坦面填色参数定义见表3-2。

表3-2　平坦面填色参数定义

平坦面填色参数	定义
相邻顶点落差	定义落差大小，可依照实际情形调整大小

8. 流动层特征种子填色

把流动层上高度不为零的一个连通区域内的顶点设为当前颜色。
操作步骤：
① 选择命令"颜色—流动层特征种子填色"。
② 在待填色的流动层特征上单击鼠标左键。

9. 流动层整体着色

把流动层上高度不为零的所有顶点置为当前颜色，如图3-11所示。
操作步骤：
按快捷键"B"或选择命令"颜色—流动层整体着色"。

图3-11　流动层整体着色

10. 颜色区域膨胀/收缩

颜色区域膨胀或收缩。

操作步骤：

① 选择命令"颜色—颜色区域膨胀/收缩"。

② 设置参数—膨胀或收缩。

③ 在待膨胀或收缩的颜色区域内单击鼠标左键。

11. 颜色区域矢量化

用二维曲线拟合颜色区域的边界，如图3-12所示。

图3-12　颜色区域矢量化

操作步骤：

① 选择命令"颜色—颜色区域矢量化"。

② 设置参数。

③ 在待矢量化的颜色区域内单击鼠标左键。

12. 高度层次调整

刷子范围内、特征范围内或整个模型的顶点的高度值不同比例变换，如图3-13所示。

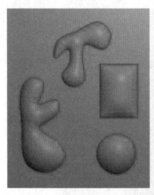

(a) 原始特征   (b) 调整后的特征(低层速降)   (c) 调整后的特征(高层速升)

图3-13 高度层次调整

操作步骤:

① 选择命令"颜色—高度层次调整"。

② 设置参数。

③ 在待变换的区域内单击鼠标左键。

13. 高度层次变换

特征范围内或整个模型的顶点的高度值按所选择的曲线变换,如图3-14所示。

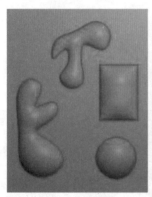

(a) 原始特征   (b) 变换后的特征一   (c) 变换后的特征二

图3-14 高度层次变换

操作步骤:

① 选择命令"颜色—高度层次变换"。

② 设置参数。

③ 在特征范围内或模型上单击鼠标左键。

14. 当前颜色

在雕塑模型上拾取曲面顶点颜色作为当前颜色。

预操作:

模型上有一些颜色区域。

操作步骤：

① 选择命令"颜色—当前颜色"。

② 在模型上单击左键，单击处曲面顶点的颜色即被设置为当前色，并显示于颜色工具条的右上方。

说明：

只有当前颜色所定义的区域才能充当颜色模板。所以当前颜色命令是颜色模板功能的配套功能。

第二节　冲压与浮雕工具

一、浮雕工具概述

浮雕工具主要目的是在模型表面建立高低数值，通过参数的设置让浮雕有高低起伏变化。

浮雕工具常用的有图3-15中的十种，其中注塑、抖动和体素专用于塑料制品建模不在本文讨论研究范围内，堆去料工具在下一节介绍。

二、冲压工具

冲压在虚拟雕刻中所用到的参数如图3-16所示。

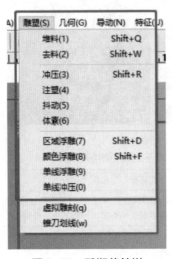

图3-15　雕塑菜单栏

图3-16　冲压工具菜单参数

交互式改变刷子所经过区域的高度，如图3-17所示。

操作步骤：

① 选择命令"雕塑—冲压"。

② 设置参数，进行冲压处理。参数设置如图3-18所示。

(a) 原图

(b) 压平右上角及右下角后

图3-17　颜色无效—绝对冲压

图3-18　冲压
参数设置

冲压参数定义见表3-3。

表3-3　冲压参数定义

冲压参数	定义
冲压效果 >> 均等	刷子所经过区域曲面高度相对最近一次固化升高冲压参数规定的高度，即实现曲面区域等距偏移，如图 3-19 所示 (a) 原图　　　　(b) 冲压后 图3-19　冲压效果—均等
冲压效果 >> 绝对	刷子所经过区域曲面高度都设置为冲压参数规定的高度，即出现一平台
冲压效果 >> 高点	鼠标左键按下时，取刷子范围内最近一次固化曲面的最高点为基准，刷子所经过区域的高度再升高（如果冲压为正值）或降低（如果冲压为负值）冲压参数规定的高度，冲压之后将出现一平台
冲压效果 >> 低点	鼠标左键按下时，取刷子范围内最近一次固化曲面的最低点为基准，刷子所经过区域的高度再升高（如果冲压为正值）或降低（如果冲压为负值）冲压参数规定的高度，冲压之后将出现一平台
冲压效果 >> 中心	鼠标左键按下时，取刷子范围内最近一次固化曲面的中心点为基准，刷子所经过区域的高度再升高（如果冲压为正值）或降低（如果冲压为负值）冲压参数规定的高度，冲压之后将出现一平台
冲压深度	冲压时，曲面上顶点相对基准升高或降低的高度数值
流化	仅"冲压效果 >> 均等"有效，如果点选上，冲压后并不把材料移走，仅仅把本该移走的材料移动到流动层上，并把冲压区域置上流动层的颜色——绿色
颜色模板	利用颜色模板界定操作范围

说明：

冲压边缘轮廓有锯齿现象，网格步长越大，锯齿现象越明显，一般应对冲压边缘轮廓再实行磨光处理。

三、区域浮雕工具

由闭合的二维图形区域或区域的结合生成浮雕元素并拼合到雕塑模型上，如图3-20所示。

操作步骤：

① 选择命令"雕塑—区域浮雕"。

② 设置参数（如图3-21所示），移动鼠标到雕塑模型上的二维图形，当其改变颜色时按下鼠标左键，即可完成浮雕构造及拼合过程。

图3-20　区域浮雕　　　　　图3-21　区域浮雕参数设置

区域浮雕参数定义见表3-4。

表3-4　区域浮雕参数定义

区域浮雕参数	定义
截面形状	规定浮雕截面类型
基准高度	浮雕基高
高度类型	自由高度、实际高度、限定高度
边界角度	截面边界切线与水平面的夹角
拉高比例	浮雕在高度方向变换的比例因子
形状系数	控制浮雕饱满程度的参数
表面特点	生成整体光滑的浮雕还是棱角清晰的浮雕
颜色模板	利用颜色模板界定操作范围
拼合方式	新产生的浮雕与雕塑模型的拼合方式

说明：

① 所选图形必须为严格闭合的区域或区域的结合，所选图形必须至少部分位于雕塑模型上。

② 构造区域浮雕时，若要多选图形，方法如下：

a. 选择命令之前，把要选的对象或其一部分选上。

b. 进入命令之后，设定参数。

c. 如果所有对象都已选上，按右键结束命令即可；如果还有对象没有选上，移动鼠标到待选对象上，当其改变颜色时，单击左键即可。

四、颜色浮雕工具

利用颜色区域生成浮雕并拼合到雕塑模型上，如图3-22所示。

图3-22　颜色区域及颜色浮雕

操作步骤：

① 选择命令"雕塑—颜色浮雕"。

② 设置参数，选择一个或多个颜色区域，按右键结束，生成浮雕并完成拼合。

颜色浮雕参数定义见表3-5。

表3-5　颜色浮雕参数定义

颜色浮雕参数	定义
高度 >> 自由高度	区域中任一点高度由边界角度、截面形式及该点到区域边界的距离完全确定
高度 >> 实际高度	颜色区域转为浮雕后的最大高度由高度值参数确定，此时边界角度将不起作用
高度 >> 限定高度	颜色区域转为浮雕后，若高度超出限定值则会出现平顶
高度	当高度类型为限定高度或实际高度时，规定高度值
截面 >> 直线	截面形状为直线
截面 >> 圆弧	截面形状为圆弧
边界角度	截面边界处切线与水平面的夹角

续表

颜色浮雕参数	定义
基高	所产生浮雕的基准高度
磨光次数	生成浮雕并拼合后，系统内部对该区域磨光的次数
拼合方式	规定拼合方式

说明：

如果区域由单一的颜色表示，点选该颜色区域按右键结束选择生成浮雕即可。如果颜色区域中还有其他颜色区域，并且希望它们作为一个整体区域生成浮雕，可点选所有的颜色区域，按右键结束选择生成浮雕。

五、单线浮雕工具

由不封闭的或封闭二维图形或图形结合生成浮雕并拼合到雕塑模型上去，如图3-23所示。

操作步骤：

① 选择命令"雕塑—单线浮雕"。

② 设置参数后选择图形，右键结束命令。参数设置如图3-24所示。

单线浮雕参数定义见表3-6。

图3-23　单线浮雕图

图3-24　单线浮雕参数设置

表3-6　单线浮雕参数定义

单线浮雕参数	定义
高度 >> 自由高度	区域中任一点高度由边界角度、截面形式及该点到区域边界的距离完全确定
高度 >> 实际高度	转为浮雕后的最大高度由高度值参数确定，此时边界角度将不起作用
高度 >> 限定高度	转为浮雕后，若高度超出限定值则会出现平顶

续表

单线浮雕参数	定义
高度	当高度类型为限定高度或实际高度时，规定高度值
截面 >> 直线	截面形状为直线
截面 >> 圆弧	截面形状为圆弧
边界角度	截面边界处切线与水平面的夹角
基高	所产生浮雕的基准高度
磨光	生成浮雕并拼合后，系统内部对该区域磨光的次数
边界处理 >> 只做闭合区域	自动在所选择的二维图形中搜索闭合区域，只有闭合区域才生成浮雕并拼合到模型上
边界处理 >> 包围盒约束	在所选二维图形的包围盒内生成浮雕，而且自动在所选二维图形中添加包围盒图形
边界处理 >> 自由边界	在所选二维图形的包围盒内生成浮雕，并在包围盒上下左右四个方向也生成浮雕
线条看作 >> 整体	所有选择的对象看作是一个整体，生成浮雕
线条看作 >> 个体	每一个选择的对象单独生成浮雕
颜色模板	利用颜色模板界定操作范围
拼合方式	新产生的浮雕与雕塑模型的拼合方式

说明：

① 二维图形可闭合或不闭合。

② 允许线条自交、互交、悬边或互不相交。

③ 线条越多、越密，计算速度越快，尤其适合把一些纹理图案转化为纹理浮雕。

④ 构造单线浮雕时，若要多选图形，方法如下：

a. 选择命令之前，把要选的对象或其一部分选上。

b. 进入命令之后，设定参数。

c. 如果所有对象都已选上，按右键结束命令即可；如果还有对象没有选上，移动鼠标到待选对象上，当其改变颜色时，单击左键即可。

单线冲压工具的操作如下。

把带重量的线条按压在软性的雕塑模型上留下的痕迹，如图3-25、图3-26所示。

图3-25　人物外衣上的花纹
为单线冲压后磨光的效果

图3-26　底板上的压纹效果

操作步骤：

① 选择命令"雕塑—单线冲压"。

② 移动鼠标到模型上的二维图形处，当图形颜色改变时按下鼠标左键即可完成单线冲压操作。

图3-27　单线冲压参数设置

单线冲压参数设置如图3-27所示。

高度：单线在模型上留下的沟槽深度或凸起的高度。

说明：

① 图形必须部分位于雕塑模型上。

② 冲压产生的沟槽或凸起有锯齿现象，一般需经过磨光等后续处理。

③ 沟槽或凸起的宽度是一个网格曲面的步长。若要加宽可先等距图形（等距距离不超过一个步长），或加大高度，后续的磨光操作会把沟槽变宽且变浅。

六、导动雕塑工具

导动工具控制刷子沿线运动，并相应地改变模型。导动去料可以看作是虚拟投影雕刻，刷子运动的轨迹投影到模型上，可以看作是投影后的雕刻路径。刷子类型就相当于不同的刀具类型，半球是球刀、圆柱是柱刀、圆锥是锥刀等。刷子沿线运动后留下的残料，即是改变后的模型，导动去料对话框中的各种选项使得虚拟雕刻比现实雕刻灵活得多，刀具半径在运动过程中可以改变。

同理导动堆料可以看作是虚拟投影塑形。导动工具的优点在于能够比手工控制刷子运动更精确地改变模型，并且刷子的参数更好控制。如图3-28所示，为系统中的导动菜单栏。

所有导动操作都要求模型的 XY 步长相等，如果不相等刷子运动的轨迹会偏离所选图形或文字。这时可用"调整步长"命令使 XY 步长相等后再做导动操作。

图3-28　导动菜单栏

第三节　堆去料工具

一、堆去料工具概述

在JDPaint软件中，使用堆去料工具主要原理是通过模拟现实刻刀工具，对模型进行雕刻。使用者可以通过改变笔刷的大小、深度、宽窄，配合颜色参数选择来实现对模型局部的细节雕刻。

常用雕刻命令的集合，包括堆料、去料、擦除、磨光、漂移五个命令。

操作步骤：

① 选择命令"雕塑—雕塑工具箱"。

② 导航区出现菜单，如图3-29所示。

③ 左手按相应的数字键，即可进入相应的命令，命令操作完毕，鼠标右键退出命令，

左手再按其他的数字键，即可进入另外的命令。省去了选菜单的过程。

图3-29　雕塑功能列表

二、堆去料工具用法

交互式地在模型上添料或去料，如图3-30所示。

图3-30　堆料/去料效果

操作步骤：

① 选择命令"雕塑—堆料/去料"，如图3-31所示。

② 设置参数，进行堆料/去料操作。参数设置如图3-32所示。

图3-31　雕塑工具菜单　　　　图3-32　堆料/去料参数设置

三、堆去料参数定义

堆去料参数定义见表3-7。

表3-7 堆去料参数定义

堆去料参数	定义
刷子形状	选择刷子
效果 >> 累加	每当按下鼠标左键移动时，或不移动但定时作业开关打开时，刷子所在位置高度不断地升高/降低。使用该选项时刷子高度值一般应设置得比较小，0.005～0.05mm 之内才好控制。累加效果如图3-33 所示。 (a) 原图　　　　　(b) 下巴累加堆料后 图3-33 累加效果
效果 >> 自然	相对上次固化而言，刷子所经过处最多叠加/切除一个刷子的形状。使用该选项时刷子高度值一般应设置得比较大，0.2mm 以上效果才明显。自然效果如图3-34 所示。 (a) 原图　　　　　(b) 自然堆料/去料后 图3-34 自然效果
效果 >> 截顶去底	每当按下鼠标左键移动时，刷子所在位置高度不断地升高/降低，但当任何一点相对上次固化而言，堆料时当其升高值大于刷子高度时将被截顶形成平顶；去料时当其高度降低值大于刷子高度时，将被去底形成平底。截顶去底效果能保证堆料/去料的同时边缘比较光滑，对高斯分布刷子调整衰减直径的大小可控制边缘的陡峭程度。截顶去底效果如图3-35 所示。

堆去料参数	定义
效果 >> 截顶去底	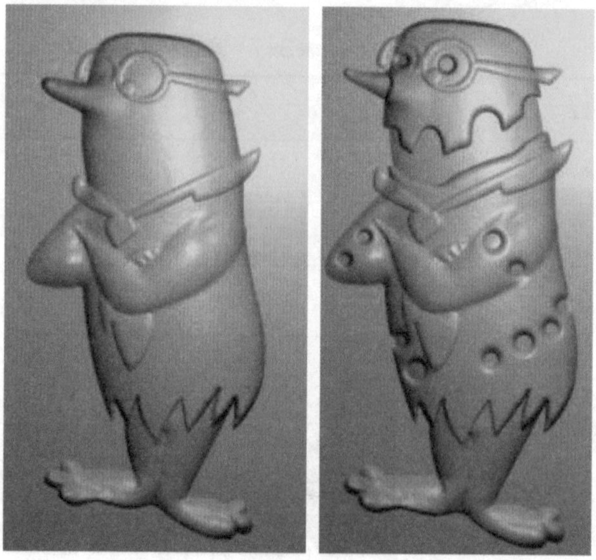 (a) 原图　　　　　　　(b) 截顶去底去料后 图3-35　截顶去底效果
只操作流动层	仅去料时有效。如果选上，只去流动层上的材料，否则去复合层上的材料
定时作业	鼠标左键按下时，即使不移动鼠标，系统每隔20毫秒自动在当前位置堆料／去料一次
颜色模板	利用颜色模板界定操作范围
直径变化	操作时刷子直径自动按变化因子改变
直径变化方式 >> 等比	刷子直径自动按直径变化因子等比变化
直径变化方式 >> 等差	刷子直径自动按直径变化因子等差变化
直径变化因子	刷子直径按变化因子变化
高度变化	操作时刷子高度按变化因子改变
高度变化方式 >> 等比	刷子高度按高度变化因子等比变化
高度变化方式 >> 等差	刷子高度按高度变化因子等差变化
高度变化因子	刷子高度按高度变化因子变化

加工路径计算与输出

第四章

第一节　加工路径参数设置与计算

一、路径向导功能的概述及主要实现步骤

　　路径向导是最常用的刀具路径计算器，相比其他路径模板，它能够非常方便地引导用户一步步生成刀具路径。使用路径计算向导共分为6个步骤，如图4-1所示。

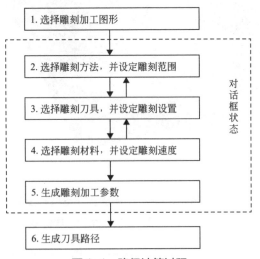

图4-1　路径计算过程

　　不同步骤需要完成的主要任务是：

　　① 选择雕刻加工图形，选择需要雕刻加工的几何对象，包括点、曲线、文字、曲面、图片等。所有能被选择的对象都有对应的雕刻方法。

　　② 选择雕刻方法，系统根据选择的图形匹配合适的雕刻方法，并请求用户输入雕刻的深度范围、雕刻余量、侧面角度等参数。

　　③ 选择雕刻刀具，系统根据雕刻方法和雕刻范围自动匹配合适的雕刻刀具，并请求用户输入常用的计算设置，如雕刻精度、雕刻次序、走刀方向等。

　　④ 选择雕刻材料，请求选择雕刻加工材料，并根据材料和刀具计算一些切削参数，如主轴转速、走刀速度、吃刀深度、路径间距等。

⑤ 生成雕刻加工参数，系统根据以上四步的参数匹配出一套比较合理的雕刻加工参数，熟练的用户可以修改不满足要求的参数。

⑥ 生成刀具路径，系统根据选择的图形和设定的参数计算出具体的雕刻加工路径，并设置路径操作树。如果计算失败，系统将提示失败的原因，方便用户排错。

1. 启动路径向导命令

在构建好加工模型，准备生成路径时，首先切换到3D加工环境下。选择"刀具路径"→"路径向导"菜单项，如图4-2所示。

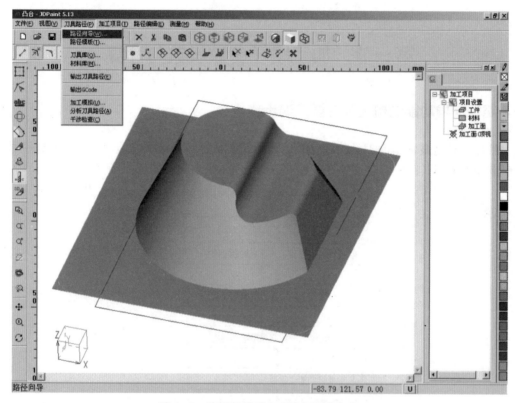

图4-2　选择菜单项启动路径向导命令

路径向导命令启动后，系统会要求用户构建或选择一个加工域。

2. 构建或选择加工域

所谓加工域是指用二维图形、三维曲线或曲面等各种图形构成的加工范围。它是由模型的部分元素和一些边界构成的。启动路径向导命令后，在应用程序右侧的导航工具栏中会出现关于图形选择功能的窗口，如图4-3所示。通过选择加工图形，可以获得加工域。

用户有两种方法选择图形，构成加工域。一种是用新建的方法，通过选择图形构成；另一种是选择原有的加工域，作为新生成路径的加工域。这里，由于是生成第一个路径，系统中无其他加工域，故"选择"单选按钮处于灰色的无效状态。

在生成新的加工域时，可以先在名称编辑框中输入加工域的名称，也可以使用缺省名称，之后选择图形构成加工域。为了方便用户选择，系统将各种类型的图形区分开，每次只能选择同一种类型的图形，即导航对话框中当前选中的图形类型。系统中可供选择的加工图形共有五种类型：点、曲线、曲面、路径和毛坯表面。当某类型复选框是选中状态时，则该类型图形便可以被选择或者去掉。

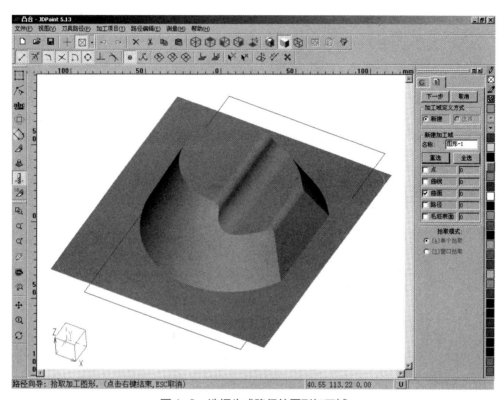

图4-3　选择生成路径的图形加工域

在选中某类图形时单击"全选"按钮，则当前显示的该类图形被全部选择。若单击"清除"按钮，则被选中类型的图形全部被清除，处于未被选中状态。除此之外，系统还提供与CAD系统中完全一致的图形拾取方法，即对各种类型图形的选择方式都包括单个拾取和窗口拾取，对曲线还提供串链拾取的方法。表4-1仅简要地介绍这三种拾取方法的用法。

表4-1　拾取方法的用法

拾取方法	用法
单个拾取	选择该选项，鼠标逐个点选欲拾取的对象，选中的对象将变换颜色显示。若需要去掉某个误选的对象，则按住 Ctrl 键，拾取误选的对象，即可从当前选择集中去除误选的对象
窗口拾取	按下鼠标左键，移动鼠标，将出现一个随鼠标位置变化的方框。按照方框绘制的方式不同，可以分为正选和反选两种方框。当先绘制方框左上角的顶点时，绘制的方框为正选方框，其余的为反选方框。被正选方框完全框住的图形和被反选方框碰到的图形将被选择
串链拾取	只对曲线的拾取起作用。选择该选项时，用鼠标单击某条曲线，则凡是和该曲线两端点相接的线，以及与相接线另一端点相接的线都被选中。注意，串链拾取曲线时，新连接线的另一端点会作为新的连接点一直连下去，直到没有可连接的线为止。但当连接线的某端点处有两段或两段以上相连接的线时，串链拾取将在该点处结束

当有多个加工域存在时，可以选择"选择"单选框，通过选择已有的某个加工域构成当前加工域。在选择"选择"单选框后，右侧的导航对话框如图4-4所示。在列表框中会

列出已有的加工域。

这里，我们选择所有曲面构成加工域。选中"曲面"复选框，单击"全选"按钮。所有曲面变为被选中颜色，在曲线复选框后会出现数字10，这表明有10个曲面被选择，如图4-5所示。

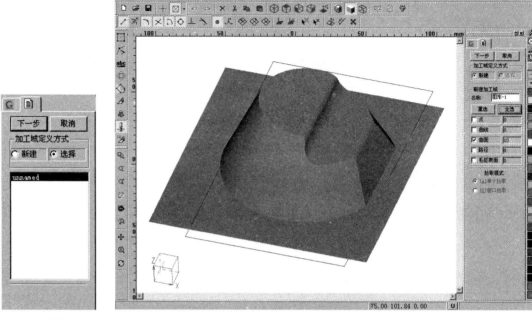

图4-4 选择已存
在的加工域

图4-5 选择所有曲面构成加工域

3. 选择雕刻加工方法

在刀具路径菜单中，单击"路径向导"按钮后，出现"设定加工范围"对话框，如图4-6所示。

图4-6 设定加工范围对话框

　　在加工向导对话框的前三个页面中集中了各种加工方法的最常用参数，而且它可以根据用户的选择自动匹配随后的部分参数，由系统自动匹配生成路径所需的计算参数。而在加工向导对话框的第四个页面中列出了与用户所选加工方法相关的所有参数。根据所选图形类型的不同，系统会自动匹配对这类图形最常用的加工方法。若自动匹配的加工方法不是用户打算使用的，用户可以从左侧的加工方法树中方便地挑选适合的加工方法。

4. 雕刻加工图形

　　SurfMill 中的各种雕刻加工方法被分列在钻孔雕刻、轮廓雕刻、区域雕刻、曲面雕刻和投影雕刻五个雕刻方法组中。不同的雕刻方法所需的雕刻图形和应用范围也不尽相同。JDPaint 5.0提供的各种加工方法、所需图形及其应用范围参见表4-2。

表4-2　JDPaint 5.0中的各种加工方法

类别	雕刻组	雕刻方法	所需图形	应用范围
平面雕刻	钻孔雕刻组	钻孔雕刻	点、曲线	对孔进行加工
		扩孔雕刻	点、曲线	
	轮廓雕刻组	单线雕刻	曲线、文字	沿某条曲线进行切割
		轮廓切割	轮廓曲线、轮廓文字	沿某个轮廓进行切割
	区域雕刻组	区域粗雕刻	轮廓曲线、轮廓文字	用于除去平面加工中的大量材料
		残料补加工	轮廓曲线、轮廓文字	用小刀对大刀加工未到达的位置加工处理
		区域修边	轮廓曲线、轮廓文字	对区域的侧壁进行加工处理
		三维清角	轮廓曲线、轮廓文字	用大头刀或锥刀清除多条线交点附近的区域，以便棱角分明
曲面雕刻	曲面雕刻组	分层区域粗雕刻	曲面、轮廓边界	一种曲面加工，大量去除材料，使用广泛
		投影加深粗雕刻	曲面、轮廓边界	曲面加工中去除大量材料，使毛坯接近模型
		曲面残料补加工	曲面、轮廓边界	是分层区域粗雕刻的补加工，去除残余料，为精雕刻作准备
		曲面精雕刻	曲面、轮廓边界	对粗加工后的毛坯进行精修处理，以便达到零件的精度要求
		成组平面加工	曲面	对一组比较平坦的曲面进行精加工
		残料清根	曲面、曲线	用小刀对大刀加工的残留部分进行处理加工
		旋转雕刻	曲面	用于雕刻柱状零件
	投影雕刻组	投影雕刻	曲面、路径	将路径或曲线投影到曲面上进行加工。一般用于在曲面上刻字或开槽
		包裹雕刻	曲面、路径	将路径按长度不变原则包裹在一些形体上进行加工

5. 雕刻加工范围

　　雕刻加工范围用于界定雕刻加工中的高度范围等相关参数，主要内容见表4-3。

表4-3   雕刻加工范围相关参数

雕刻加工范围	定义
表面高度	决定路径起始的位置。缺省值为所选图形最高点的高度。平面图形为0或上次使用该方法加工的表面高度
雕刻深度	决定加工的深度范围。缺省值为所选图形最高点与最低点的高度差。对于平面图形，该值被设置为1.0或上次使用该方法加工的雕刻深度。在加工过程中，用户应当根据需要设置深度值
侧面角度	该参数决定由曲线构成边界处侧壁的倾斜角度。当边界曲线不存在时，该参数没有意义
雕刻余量	主要是为后续加工预留一些切削量，以便保证最后生成零件的表面质量。对于曲面雕刻，该参数为曲面的表面余量；对于区域雕刻或者轮廓切割，该参数为雕刻的侧边余量

不同的雕刻方法，限定雕刻加工范围的四个参数也不尽相同，请参考表4-4。

表4-4   JDPaint 5.0中的各种加工方法的雕刻范围

类别	雕刻组		表面高度	雕刻深度	侧面角度	雕刻余量
平面雕刻	钻孔雕刻组		√	√	—	—
	轮廓雕刻组	允许半径补偿	√	√	√	√
		关闭半径补偿	√	√		√
	区域雕刻组		√	√	√	√
曲面雕刻	曲面雕刻组	残料清根、旋转雕刻	√	√	—	√
		其他	√	√	√	√
	投影雕刻组		√	√	—	√

6. 雕刻方法参数

各种雕刻方法都有各自的常用雕刻参数。为了便于用户访问修改这些参数，这些参数被集中在了路径向导对话框中。当用户选择不同的加工方法时，路径向导对话框中的这些常用参数就会跟随着变化。下面介绍一下这些常用参数。

（1）扩孔雕刻

扩孔雕刻需要输入扩孔方式和扩孔直径，如图4-7所示。扩孔直径是孔的直径尺寸，如果扩孔直径比刀具直径小，那么系统就不能生成刀具路径。

图4-7   扩孔雕刻参数

（2）单线雕刻

单线雕刻通常关闭半径补偿，也就是说刀具沿着曲线运动。用户也可以设置半径补偿方向，如图4-8所示。

图4-8　单线雕刻参数

（3）轮廓切割

轮廓切割的半径补偿方向通常向外偏移，也就是说刀具在轮廓外部运动。用户也可以设置半径补偿方向，如图4-9所示。

图4-9　轮廓切割参数

（4）区域粗雕刻

区域粗雕刻通常采用行切走刀方式，行切方向和X轴正向的夹角称为路径角度，如图4-10所示。在一些规则区域中也可以使用环切或螺旋走刀方式，以便提高雕刻效率。单击"走刀方式"下拉列表框，用户可以改变区域粗雕刻的走刀方式。

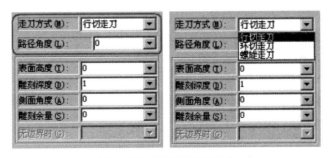

图4-10　区域粗雕刻参数

（5）残料补加工

残料补加工要求用户输入上把刀具的直径，如图4-11所示。残料补加工主要针对锥刀和平底刀，刀具直径指刀具的底直径。计算残料时，系统默认为上把刀具和当前刀具的类型相同。

图4-11 残料补加工参数

（6）分层区域粗雕刻

分层区域粗雕刻是最常用的曲面粗加工方法。主要参数包括走刀方式和边界处理方式。这里的走刀方式和区域加工中的含义完全一致。当用户没有选择边界时，系统可以按照三种方式处理刀具路径，见图4-12。

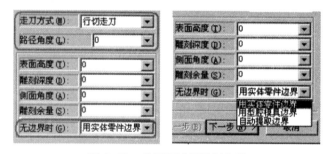

图4-12 分层区域粗雕刻参数

（7）投影加深粗雕刻

投影加深粗雕刻用于较平缓曲面的粗雕刻，主要参数包括走刀方式和路径角度，如图4-13所示。

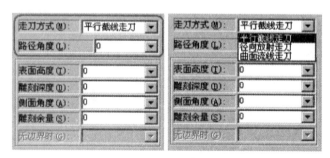

图4-13 投影加深粗雕刻参数

（8）曲面残料补加工

曲面残料补加工是一种半精加工方式。当使用分层区域粗雕刻加工时，可能在内角位置或者相邻两层之间留下很大的残留量。如果直接使用精雕刻，那么对刀具的损害比较大，甚至折损刀具。这时可以使用曲面残料补加工方式。主要参数如图4-14所示，其中无边界时的参数一定要与分层区域粗雕刻加工的一样。走刀方式在系统中默认为环切。

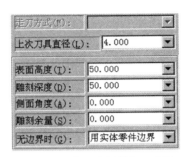

图4-14　曲面残料补加工参数

（9）曲面精雕刻

曲面精雕刻提供了多种走刀方式，用于不同的雕刻场合。各种走刀方式中数平行截线走刀方式的应用范围最广。图4-15为选择曲面精雕刻时显示的参数页面。

在选择平行截线走刀时，最后一行的"无边界时"参数可以选择不用边界或提取边界。

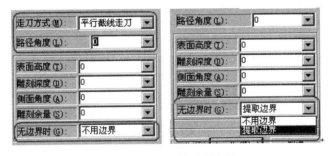

图4-15　曲面精雕刻参数

最后一行的提示会随着走刀方式的改变而有所不同。当选择曲面流线走刀时，最后一行提示流线的方向，用户可以选择沿着U向或是V向；而在选择等高外形走刀时，最后一行的"无边界时"参数有三种选择，即：用实体零件边界、型腔模具边界和自动提取边界。

（10）成组平面雕刻

成组平面的走刀方式和区域粗雕刻的走刀方式完全一致，见图4-16。

图4-16　成组平面雕刻参数

（11）残料清根

残料清根包括三种不同的清根方式。单击"清根方式"下拉列表框，用户可以选择合适的清根方式，如图4-17所示。

图4-17 残料清根参数

（12）投影雕刻

投影方式用于确定投影路径的高度。选择保留原有深度，系统将保留原有路径的相对深度关系。图4-18为投影雕刻的参数页面。

图4-18 投影雕刻参数

（13）包裹雕刻

包裹雕刻是投影雕刻的拓展。除了投影方式外，包裹雕刻还包括包裹中心和包裹方向，如图4-19所示。

图4-19 包裹雕刻参数

在设定雕刻范围页面中，我们选择区域雕刻组中的区域粗雕刻。设定完成后，单击"下一步"，系统进入路径向导的刀具选择页面。

二、路径向导功能中雕刻刀具的选择

在路径向导的刀具选择页面中，用户可以选择雕刻加工刀具，并设定加工的一些常用参数，如雕刻加工精度等，如图4-20所示，该对话框主要包括雕刻刀具和路径计算设置两组参数。

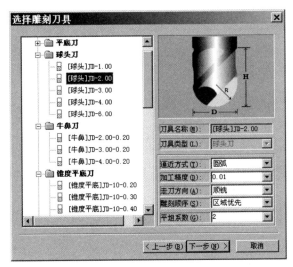

图4-20　"选择雕刻刀具"对话框

1. 选择雕刻刀具

在左侧的树状列表框中列出了系统中的所有刀具。用户只需选择一把刀具进行加工即可。目前系统为我们选择的缺省刀具为φ2的球头刀。因为是曲面精加工，系统优先选择使用球头刀进行加工。

雕刻刀具的分类见表4-5。

表4-5　雕刻刀具的分类

雕刻刀具	定义
平底刀	又叫柱刀，主要依靠侧刃进行雕刻，底刃主要用于平面修光。柱刀的刀头端面较大，雕刻效率高，主要用于轮廓切割、铣平面、区域粗雕刻、曲面粗雕刻等
球头刀	球刀的切削刃呈圆弧状，雕刻过程中受力均匀，切削平稳。球刀的刀刃在雕刻过程中形成一个半球体，带有一定的弧度，所以特别适合于曲面雕刻，常用于曲面半精雕刻和曲面精雕刻。球刀不适合于铣平面
牛鼻刀	牛鼻刀是柱刀和球刀的混合体，它一方面具有球刀的特点可以雕刻曲面，另一方面具有柱刀的特点可以用于铣平面
锥度平底刀	简称锥刀。锥刀在整个雕刻行业的应用范围最广。锥刀的底刃，俗称刀尖，类似于柱刀，可以用于小平面的修光，锥刀的侧刃倾斜一定的角度，在雕刻过程中形成倾斜的侧面。锥刀在构造上的特点使得它能够实现雕刻行业特有的三维清角效果。锥刀主要用于单线雕刻、区域粗雕刻、区域精雕刻、三维清角、投影雕刻、图像灰度雕刻等
锥度球头刀	简称锥球刀。锥球刀是锥刀和球刀的混合体，它一方面具有锥刀的特点，具有很小的刀尖，另一方面又有球刀的特点，可以雕刻比较精细的曲面。锥球刀常用于浮雕曲面雕刻、投影雕刻、图像浮雕雕刻等
锥度牛鼻刀	锥度牛鼻刀是锥刀和牛鼻刀的混合体，它一方面具有锥刀的特点，可以具有较小的刀尖，雕铣比较精细的曲面，另一方面又有牛鼻刀的特点，所以锥度牛鼻刀常用于浮雕曲面雕刻
大头刀	实质为头部锥角较大的锥刀。主要用于三维清角
钻孔刀具	主要用于钻孔。当孔比较浅时，可以用平底刀钻孔

2. 快速访问刀具库

在"选择雕刻刀具"对话框页面的刀具树状列表中单击鼠标右键，会弹出浮动菜单，如图4-21所示。在该菜单中，用户可以创建、编辑或删除雕刻刀具。

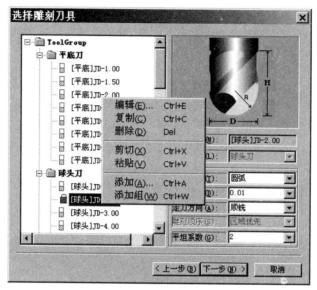

图4-21 "选择雕刻刀具"对话框

3. 修改计算设置

在"选择雕刻刀具"对话框的右下角为与计算设置相关的参数，见表4-6。

表4-6 计算设置相关的参数

参数	定义
逼近方式	可以在此选择圆弧或线段逼近
加工精度	该值为弓高误差，可以决定路径拟合时的精度
走刀方向	可以选择顺铣或逆铣。一般粗加工用逆铣，精加工用顺铣
雕刻顺序	主要对分区域加工的情况有效。可以是区域优先，或是高度优先
平坦系数	生成曲面加工路径时使用的网格精度。该值越小，生成路径的精度越高，但是，所耗费的内存越多，计算时间越长。该值一般不得小于0.05

三、路径向导功能中加工材料的选择

雕刻加工材料是雕刻加工中很关键的因素，它影响雕刻加工的切削用量，如主轴转速、走刀速度等等。路径向导对话框的"设定切削用量"对话框如图4-22所示，该对话框主要包括雕刻材料和切削用量两组参数。

1. 选择雕刻材料

"设定切削用量"对话框的左侧为"系统材料库"列表，每种材料都记录了相应的加工性能。选择一种加工材料，右侧的用刀参数都会有相应的变化。用户可以根据经验修改这些切削用量，也可以将一些常用材料的切削用量设置到自己的材料库中。

在"设定切削用量"对话框页面的材料树状列表中，用户也可以单击鼠标右键，系统弹出浮动菜单。通过该菜单，用户可以方便地访问材料库，如图4-23所示。

图4-22 "设定切削用量"对话框

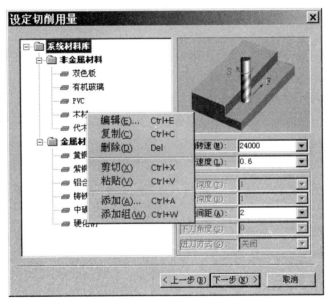

图4-23 快速访问材料库

2. 设置切削用量

"设定切削用量"对话框右上角的图片为关于进刀参数的示意图片，右下角为切削用量参数，见表4-7。

表4-7　切削用量参数

参数	定义
主轴转速	加工时主轴的旋转速度，以"转/分"为单位。对于同一把刀具，该值越大，加工时的切削速度越大
进给速度	切削加工时刀具的移动速度，以"米/分"为单位
吃刀深度	该参数在分层加工中有用。对切削深度与该值的商值取紧邻的上限整数即为分层的层数。在需要分层加工时，设置该值系统可以自动设置分层参数
开槽深度	该参数在粗加工中有用。当需要开槽时，设置某个开槽深度，系统会自动设置与开槽有关的所有参数。若不需要开槽，将该值设置为0即可
路径间距	平行截线加工的路径间距，或其他行切走刀时的路径间距
下刀角度	主要在粗加工时防止扎刀，添加下刀路径时使用。在设置若干度的下刀角度后，系统会根据实际情况自动生成下刀路径。当该参数被设置为0时，便不会生成下刀路径
进刀方式	该参数用于生成切入切出的路径。它只在曲线雕刻、轮廓雕刻、修边雕刻以及三维清角雕刻时有用。对于切入切出，共有四个选项，即：关闭、直线连接、直线相切、圆弧相切。选择一种进刀方式，系统会首选该方法来切入切出。若该方法不能生成无干涉的切入切出路径，系统会自动匹配其他方法，直至生成进刀路径为止。如果所有方法都不能生成，就没有进刀路径

　　吃刀深度、开槽深度、路径间距、下刀角度在某些加工方法和走刀方式下没有意义，会被置灰。

　　在设定切削用量页面中，我们使用缺省参数，单击"下一步"，系统会根据雕刻加工方法、雕刻刀具和雕刻材料自动匹配生成一套加工参数。

四、路径向导功能中计算参数的设定

　　系统自动匹配的加工参数，以树状结构的形式列举在路径向导的"雕刻路径参数"对话框中，如图4-24所示。

图4-24　"雕刻路径参数"对话框

　　"雕刻路径参数"对话框的左侧为按照树状结构分类的各种参数，右上角为示意图，右下角为一组相关的参数区域。右上角的示意图和右下角中的参数都会随着用户选择左侧的不同参数节点而变化。系统中的雕刻参数见表4-8。

表4-8 系统中的雕刻参数

参数	定义
雕刻方法	用于设定不同雕刻方法的走刀控制参数
雕刻范围	用于设定雕刻加工的范围
进给设置	用于设定雕刻加工的路径间距、分层控制、开槽控制、进刀方式、下刀方式等
雕刻刀具	用于设定雕刻加工的刀具形状、走刀速度、操作设置
计算设置	用于设定路径的计算精度、尖角方式、轮廓设置、走刀方向等

单击左边的参数节点，系统自动刷新右边的参数对话框。用户修改对话框中的值将作为最终的计算参数。在进入路径向导的雕刻路径参数页面后，便不能再返回到前面的页面。在该页面中用户可以随意地设置和选择雕刻方法相关的所有参数，也可以修改前面已经设置过的参数。

五、路径向导功能中刀具路径的生成

在如图4-24所示的"雕刻路径参数"对话框中单击"完成"按钮，出现"计算路径"对话框，如图4-25所示。

图4-25 "计算路径"对话框

在计算结束时，"计算路径"对话框被关闭，路径生成，同时在操作界面的右侧的加工工艺树中添加一个表示该路径的结点项，如图4-26所示。

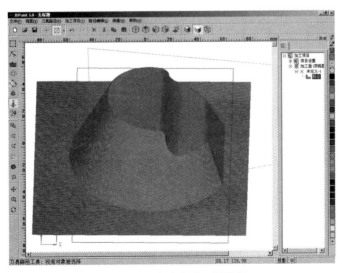

图4-26 成功生成一组路径

第二节　加工路径排序编辑

路径排序编辑的操作对象为刀具路径组和其中的刀具路径，它包括路径的分离、删除、反向、排序和裁剪和连接六个部分。

路径分离、删除和反向这三个功能的导航窗口和操作方法基本上是一致的。导航窗口如图4-27所示，只是每个窗口的复选框的名字不一样。

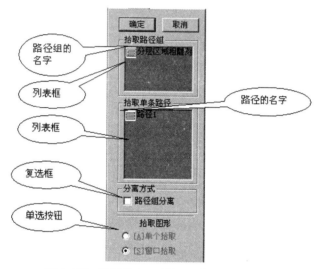

图4-27　路径分离、反向和删除的导航窗口

加工路径排序目的是将路径更加正确有效输出。在对路径排序的同时，也是对加工流程的一次梳理。

一、路径分离

路径分离功能可以清除路径组中的被选中路径的快速抬刀路径。抬刀路径是连接两条路径的路径，用绿线表示。

（1）操作步骤

① 选择菜单命令。选择界面的"路径编辑（E）"→"路径分离（P）"命令，操作界面的右边会弹出导航窗口，该导航窗口有两个列表框，第一个提示用户拾取路径组，第二个提示用户拾取被选中路径组中的路径。

② 选择路径组。选择一个要分离的路径组。也可以用鼠标左键单击第一个列表框，激活这个命令，重新选择路径组。路径组的名字显示在第一个列表框中。

③ 选择路径组中的路径。选择完路径组后，单击第二个列表框，激活该命令，可以选择路径；也可以在选择完路径组后，单击鼠标右键，切换到这个命令中，以便拾取单条路径。用户只能选中被选中路径组中的路径。被选中的路径列在第二个列表框中。选择完毕后，单击"确定"按钮，就可实现这个操作。

（2）参数定义

路径组分离复选框：选中这个复选框，是分离整个路径组，而且第二个列表框中的选项将被清除掉，并且这个列表框变为不可用状态。

注意：

① 操作顺序只能是先拾取路径组，然后再拾取该路径组中的路径。

② 复选框的级别高于第二个列表框。即，如果选中路径组分离复选框，第二个列表框将不起作用。

③ 路径组只能拾取一个。用户可以在拾取路径组状态下拾取其他的路径组。

（3）举例

当拾取到如图4-28路径组后，该路径组变成绿色，第一个列表框中会出现这个路径组的名称，这个路径组有两层路径。然后单击第二个列表框，这时系统提示用户拾取该路径组中的路径。选择下面的那条路径，该路径的名字会出现在第二个列表框中。单击"确定"按钮，就将该路径中的快速抬刀删除了，效果如图4-29所示。如果选择了路径组分离复选框，则会删除整个路径组中的快速抬刀，效果如图4-30所示。

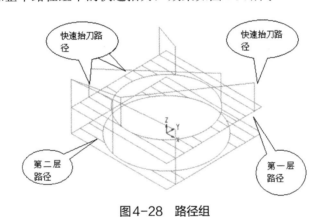

图4-28 路径组

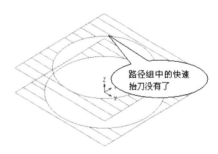

图4-29 路径分离　　　　　　　图4-30 路径组分离

二、路径删除

路径删除功能是删除路径组中的某条或者多条刀具路径。一般用来删除不需要加工的路径。

（1）操作步骤

① 选择菜单命令。选择界面的"路径编辑（E）"→"路径删除（D）"命令，操作界面的右边会弹出导航窗口，该导航窗口有两个列表框，第一个提示用户拾取路径组，第二个提示用户拾取该路径组中的路径。

② 选择路径组。选择要删除的一个路径组，也可以用鼠标左键单击第一个列表框，激活这个命令，重新选择路径组，路径组的名字显示在第一个列表框中。

③ 选择路径组中的路径。选择完路径组后，单击第二个列表框，激活该命令，选择路径；或者在选择完路径组后，单击鼠标右键，也能切换到这个命令，以便拾取单条路径。用户只能选中被选中路径组中的路径，选中的路径列在第二个列表框中。选择完毕后，单击"确定"按钮，就可实现这个操作。

（2）参数定义

路径组删除复选框：选中这个复选框，是删除整个路径组，而且第二个列表框中的选项都被清除掉，并且这个列表框变为不可用状态。

注意： 其注意事项与路径分离的一样。

（3）举例

拾取的路径组如图4-31所示，选择上面的某条路径进行删除，则会单独删除单条路径。如果选择了删除路径组复选框，则会删除整个路径组。

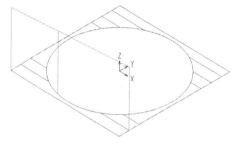

图4-31　拾取的路径组

三、路径反向

路径反向是对刀具路径组中单条或者多条路径的走向进行反向，以实现加工中顺逆铣的互换。

（1）操作步骤

① 选择菜单命令。选择界面的"路径编辑（E）"→"路径反向（V）"命令，操作界面的右边会弹出导航窗口，该导航窗口有两个列表框，第一个提示用户拾取路径组，第二个提示用户拾取该路径组中的路径。

② 选择路径组。选择要反向的路径组。也可以用鼠标左键单击第一个列表框，激活这个命令，重新选择路径组，路径组的名字显示在第一个列表框中。

③ 选择路径组中的路径。选择完路径组后，单击第二个列表框，激活该命令，选择路径；或者在选择完路径组后，单击鼠标右键，也能切换到这个命令，拾取单条路径。只能

选中该路径组中的路径，选中的路径列在第二个列表框中。选择完毕后，单击"确定"按钮，就可实现这个操作。

（2）参数定义

路径组反向复选框：选中这个复选框，是将整个路径组的顺序反过来，而且第二个列表框中的选项都被清除掉，并且这个列表框变为不可用状态。

注意：注意事项与路径分离相同。

（3）举例

① 路径的反向：将某条或者多条路径的走刀顺序反过来。如图4-32（a）所示为反向前的路径和走刀方向，图4-32（b）为反向后的路径和走刀方向。

② 路径组的反向：将路径组的走刀顺序反过来。

如果将该路径组反向，则非但单个路径的加工顺序反过来，而且路径组中路径的排列顺序也将反过来。

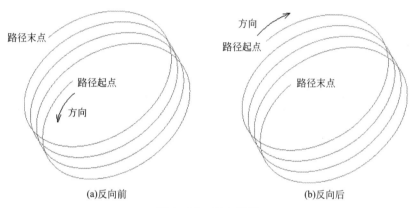

图4-32　反向路径

四、路径排序

路径排序功能可以更改路径组中路径的加工顺序。

（1）操作步骤

① 选择菜单命令。选择界面的"路径编辑（E）"→"路径排序（O）"命令，操作界面的右边会弹出如图4-33所示的导航窗口。该导航窗口的第一行是五个按钮，从左到右分别表示删除、向上移动一位、向下移动一位、移到最上面和移到最下面。之后是两个列表框，第一个提示用户拾取路径组，第二个列表框则列出了该路径组中的所有路径。

② 选择路径组。选择一个需要排序的路径组。也可以用鼠标左键单击第一个列表框，激活这个命令，重新选择路径组，路径组的名字显示在第一个列表框中。

③ 对路径的顺序进行修改。选择完路径组后，路径组中的路径就列在第二个列表框中。利用这五个按钮，对第二个列表框中的路径顺序进行修改或者删除路径。操作完毕后，单击"确定"按钮，就可实现这个操作。

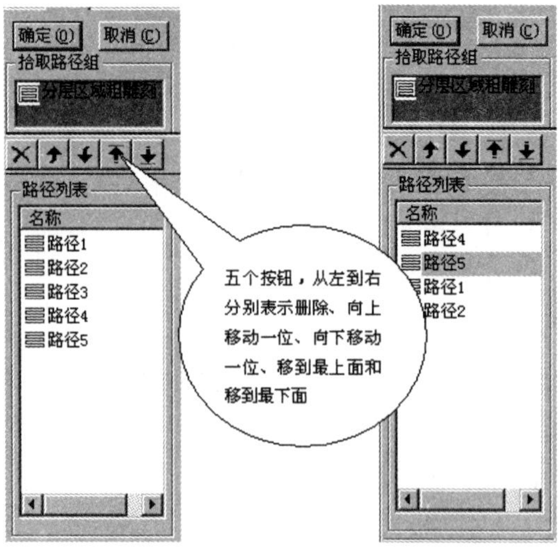

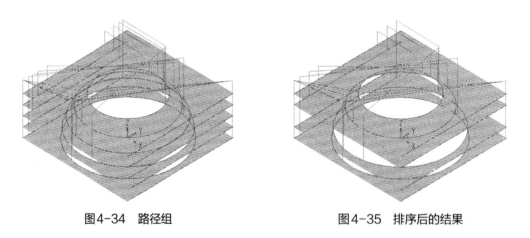

(a) 排序前   (b) 排序后

图4-33   路径排序前和排序后

（2）举例

图4-34是一个路径组，它含有5条路径，加工顺序是从上到下一条一条加工。选中该路径后，删除第3条路径，将第1条和第2条移到最下边。确定后，路径组如图4-35所示，这样在加工的时候，先从第4条开始，然后是第5条和第1条、第2条。排完序后，可以使用系统的加工模拟功能来观察排序后的结果。

图4-34   路径组   图4-35   排序后的结果

五、路径裁剪

1. 路径区域裁剪

路径区域裁剪就是用一个闭合的区域对路径组进行裁剪，以得到在其内部或者外部的路径，也可以使用这个闭合区域将路径打断。

（1）操作步骤

① 选择菜单命令。选择界面的"路径编辑（E）"→"路径裁剪（T）"→"区域裁剪

（A）"命令，操作界面的右边会弹出如图4-36所示的导航窗口，该导航窗口有一个列表框和两个复选框。列表框提示用户选择一个路径组。两个复选框分别为去掉内部路径和去掉外部路径，缺省的情况下为路径打断。如果没有选择曲线进行裁剪或者裁剪没有成功，则复选框是不可用的。

② 选择路径组。选择要裁剪的一个路径组。也可以用鼠标左键单击列表框，激活这个命令，重新选择路径组，路径组的名字显示在列表框中。

③ 选择封闭的曲线进行裁剪。选中一个路径组以后，导航窗口下面会出现如图4-36所示的三个按钮，分别为对象过滤、取消拾取和结束拾取。这时，系统会提示用户选择封闭的曲线。如果曲线不封闭，系统会继续提示用户拾取曲线，直到拾取的曲线闭合为止。单击"结束拾取"按钮，系统会进行裁剪计算，用户可以通过选择复选框来决定裁剪的结果。

图4-36 导航窗口

（2）参数定义

"去掉内部路径"复选框：选中后，删除环内的那部分路径。

"去掉外部路径"复选框：选中后，删除环外的那部分路径。

"结束拾取"按钮：表示曲线拾取结束，系统开始进行裁剪计算。

"取消拾取"按钮：则取消拾取的曲线。

"对象过滤"按钮：单击该按钮，弹出拾取过滤对话框，这里可以筛选拾取的对象。

注意：

① 裁剪是这样进行的：系统将闭合曲线投影到路径组所在加工面上，构成封闭的环，然后将每条路径段也投影在该加工面上，同环进行裁剪运算。

② 两个复选框为一个组，最多只有一个被选中。如果两个复选框都没有选中，系统将路径用拾取的曲线进行打断处理，分成环内和环外的两个路径组。

（3）举例

拾取的路径组如图4-37所示。拾取该图中的闭合曲线作为裁剪线，可以观察裁剪的结果。图4-38是默认的"路径打断"的结果，图4-39是选择"去掉内部路径"按钮的结果，

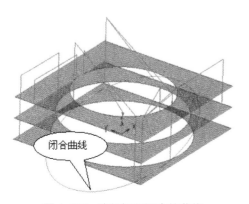

图4-37 路径组和闭合的曲线

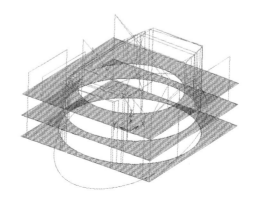

图4-38 路径打断

图4-40是选择"去掉外部路径"按钮的结果。

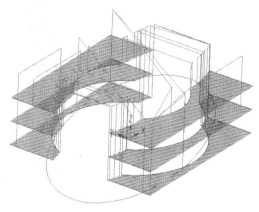 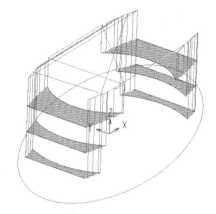

图4-39　去掉内部路径　　　　　　　　　图4-40　去掉外部路径

2. 路径高度裁剪

高度裁剪就是用一个高度值对路径组进行裁剪，以得到在这个高度之上或者之下的路径，也可以使用这个高度将路径分为两部分。

（1）操作步骤

选择菜单命令：选择界面的"路径编辑（E）"→"路径裁剪（T）"→"高度裁剪（Z）"命令，操作界面的右边会弹出如图4-41所示的导航窗口，该导航窗口有一个列表框、一个文本框、一个按钮和两个复选框。列表框提示用户选择一个路径组，文本框中输入裁剪的高度。单击"裁剪计算"按钮，就开始对路径进行裁剪（会弹出进度条显示裁剪的进度）。两个复选框分别为去掉上部路径和去掉下部路径，缺省的情况下为路径分开。如果高度裁剪没有成功，则复选框是不可用的。

（2）参数定义

"Z向高"：填写裁剪的高度。

"去掉上面路径"复选框：选中后，删除Z向高度之上的那部分路径。

图4-41　导航窗口

"去掉下面路径"复选框：选中后，删除Z向高度之下的那部分路径。

注意：两个复选框为一个组，最多只有一个被选中。如果两个复选框都没有选中，系统将路径用给定的高度值分成上下两部分。

（3）举例

拾取的路径组如图4-42所示，给定的裁剪高度为20，可以观察裁剪的结果。图4-43是默认的"路径打断"的结果，图4-44是选择"去掉上面路径"按钮的结果，图4-45是选择"去掉下面路径"按钮的结果。

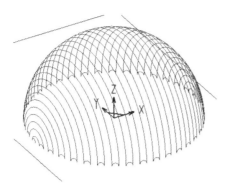

图4-42　拾取的路径组

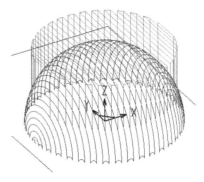

图4-43　路径组分开为上下两部分

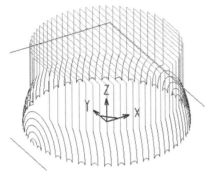

图4-44　去掉上面路径的结果

图4-45　去掉下面路径的结果

六、路径连接

路径连接功能可以将两个距离比较近的路径连接起来，这样在加工的时候就避免频繁地抬刀，提高加工效率。

（1）操作步骤

① 选择菜单命令。选择界面的"路径编辑（E）"→"路径连接（C）"命令，操作界面的右边会弹出如图4-46所示的导航窗口，该导航窗口有连接类型、连接方式和连接操作三个功能区。连接类型分为整体连接和逐个连接两种类型；连接方式有三个按钮，分别为"局部高度连接""安全高度连接"和"沿着曲面连接"；连接操作有两个按钮，分别为"路径反向"和"取消拾取"。

② 选择路径组。当连接类型选择整体连接的时候，系统会提示选择一个路径组，这个命令会将路径组中的单条路径连接起来。

当连接类型为逐个连接的时候，系统将提示拾取一个单条路径。当选择第二个单条路径的时候，"路径反向"和"取消拾取"两个按钮可用。"路径反向"按钮可以控制第二个路径的方向，也就是控制两个路径的连接方式（第一个路径的末端连接第二个的首端或末端）；如果第二个路径选错了，单击"取消拾取"按钮就可以取消选择的第二个路径。如果不单击"确定"按钮，可以一直连接下去。

图4-46　路径连接的导航窗口

（2）参数定义

"局部高度连接"：第一条路径末点和第二条路径的首点相连，生成一条路径，然后将这条路径进行干涉检查，取出最高点的 Z 坐标，然后将这条路径的高度抬高到 Z。

"安全高度连接"：第一条路径末点和第二条路径的首点相连，生成一条路径，然后将这条路径的高度抬高到安全高度。

"沿着曲面连接"：第一条路径末点和第二条路径的首点相连，生成一条路径，然后将这条路径进行干涉检查，得到无过切的连刀路径。

（3）举例

① 逐个连接。如图4-47所示的两个路径。图4-48为局部高度连接，图4-49为安全高度连接，图4-50为沿着曲面连接。

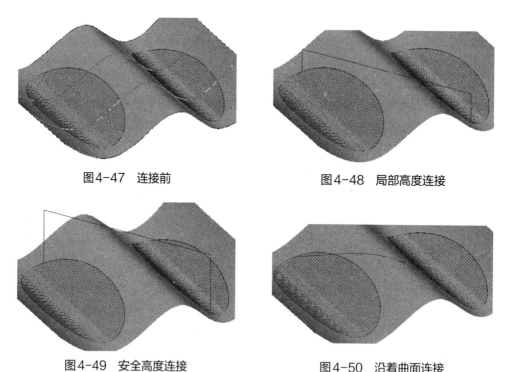

图4-47　连接前　　　　　　　图4-48　局部高度连接

图4-49　安全高度连接　　　　图4-50　沿着曲面连接

② 整体连接。如图4-51所示的路径组，采用单向走刀，加工效率很低。图4-52为局部高度连接，图4-53为安全高度连接，图4-54为沿着曲面连接。

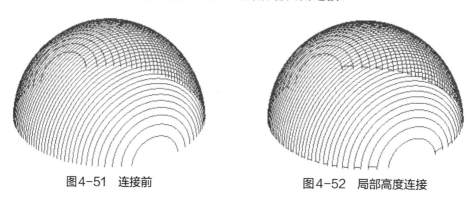

图4-51　连接前　　　　　　　图4-52　局部高度连接

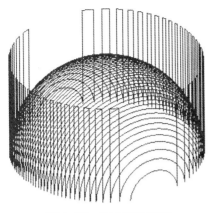

图4-53　安全高度连接

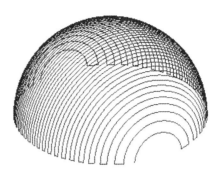

图4-54　沿着曲面连接

第三节　加工路径输出

一、加工路径输出流程

加工路径是不能直接控制雕刻机进行加工的，它要经过输出转化为控制软件可识别的文件格式后，才能由控制计算机转化为控制信号，通过电气控制部分，驱动机床进行加工。精雕软件生成的加工路径必须输出成ENG格式的文件后才可以被雕刻控制软件识别，从而驱动雕刻机完成雕刻加工运动。刀具路径的输出过程见图4-55。

输出的详细步骤是：

① 显示当前加工面下需要输出的加工路径，如图4-56所示。

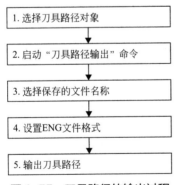

图4-55　刀具路径的输出过程

图4-56　选择刀具路径

② 选择菜单"刀具路径（P）"→"输出刀具路径（E）"，启动"刀具路径输出"命令，如图4-57所示。

③ 启动命令后，系统弹出"刀具路径输出"对话框，用户可输入加工文件的名称，如图4-58所示。

④ 设置加工文件的格式，如图4-59所示。

图4-57 启动"输出刀具路径"命令

图4-58 输入加工文件名称

⑤ 单击"确定"按钮，系统将选择的刀具路径保存成加工文件。

二、路径输出设置

设置路径特征点，如图4-60所示（如无特殊情况特征点选择"路径左下角"）。

ENG格式的加工文件是精雕控制软件专用的文件格式。该文件类型是加密格式的，不能被其他软件编辑，这一点和标准的NC格式并不相同。

输出文件参数对话框允许用户设定一些通用格式信息，包括控制软件的版本、使用的刀具和输出的加工原点等。此外，该对话框也列举了待输出路径的信息，如路径范围、路径长度等。

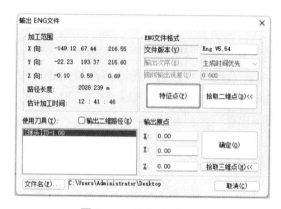

图4-59 设置文件格式

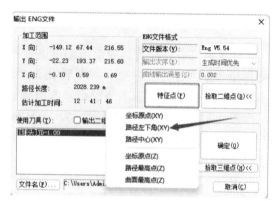

图4-60 路径特征点设置

1. 路径输出信息

路径输出信息包括雕刻范围、路径长度、估计加工时间、使用刀具等基本信息，见表4-9。

表4-9 路径输出信息

路径输出信息	定义
雕刻范围	显示刀具路径在X、Y、Z三个方向极限位置的绝对坐标值与相应方向的走刀范围。X向显示刀具路径在X方向最左端和最右端的绝对坐标值。这里显示为"-149.12，67.44"。这两个坐标值的差值216.55就是X向的加工范围。Y、Z向的雕刻范围道同X向加工范围一样。 注意：Z向加工范围并不是实际的加工深度。一般在平面雕刻中实际的加工深度是Z方向的最小坐标值
路径长度	显示待输出路径的总长度
估计加工时间	粗略地计算了待输出路径用于加工所需时间
使用刀具	在使用刀具的列表框中列出了待输出的路径所使用的全部刀具

2. 文件格式

输出格式包括控制软件的版本、输出次序、曲线输出误差和输出二维路径等参数。

（1）控制软件版本

JDPaint V5.0可以输出三种ENG版本，分别是EN3D. 3X、EN3D. 4X和EN3D. 5X三种格式。它们的区别见表4-10。

表4-10　不同软件版本的区别

ENG 版本	设计软件版本	运动插补方式	速度指令
EN3D. 3X	JDPaint 3.X	钻孔、直线	不支持
EN3D. 4X	JDPaint 4.X	钻孔、直线、圆弧	单条路径可以变速
EN3D. 5X	JDPaint 5.X	钻孔、直线、圆弧、螺旋线、样条	每段路径可以变速

高版本的设计文件可以输出低版本的加工文件，但低版本的设计软件不能输出高版本的加工文件。

（2）输出次序

只有在使用刀具出现交叉的情况下有效。如果同一把刀具不能连续使用，我们称出现刀具交叉使用现象，如图4-61所示。

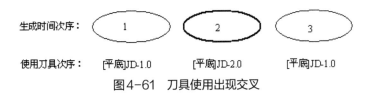

图4-61　刀具使用出现交叉

出现交叉现象后，系统允许用户按照生成路径的先后次序输出刀具路径（图4-61结果为1、2、3），也允许用户按照刀具的使用次序输出刀具路径（图4-61结果为1、3、2）。

（3）曲线输出误差

设计软件的刀具路径用多种曲线形式表示，包括直线、圆弧、螺旋线、样条等。当刀具路径里面含有控制软件不能识别的路径段时，在输出的过程中，需要将这些路径段离散成直线段或者圆弧段输出。在离散的过程中，用这个参数控制离散精度。

（4）输出二维路径

输出二维路径是一个复选框。选中该复选框，就将路径转换成二维输出。一般而言，生成的刀具路径都是三维路径，也就是说路径都有雕刻深度。把三维路径变为二维路径之后，雕刻深度就不存在了。如果路径是分层加工的，则在输出二维路径后，这些路径将叠在一起。除了个别的铣面、单层雕刻和切割路径外，一般情况下都不要把三维路径转化为二维路径。特别是采用了分层加工、三维清角、分层开槽等功能生成的刀具路径千万不要转化为二维路径。

3. 输出原点

输出原点的坐标有三种方式设置：特征点、拾取点（二维点或三维点），也可以自己定义。在输出刀具路径过程中，最重要的概念就是"输出原点"。下面我们就输出原点的问题作一些详细说明。

（1）工件坐标系的"原点"

生成刀具路径的最终目的是控制刀具进行雕刻。而雕刻又是在毛坯材料上进行的，那么，如何把刀具路径准确地定位到毛坯材料上呢？这就需要在路径、机床和毛坯材料之间建立一种关系。这种关系是通过一个共同的参照点来建立的。这个参照点被称为"工件坐标系的原点"。

① 实际雕刻的对象是工件，工件在设计和雕刻过程中都存在定位问题；JDPaint 5.0软件是通过工件坐标系的原点来定位的。

② 工件坐标系就是以工件的装卡方向为坐标轴，以工件上的一点为原点建立的坐标系，如图4-62所示。

③ 工件在设计并生成刀具路径过程中总是存在的，只是没有显示出来，如图4-63所示。

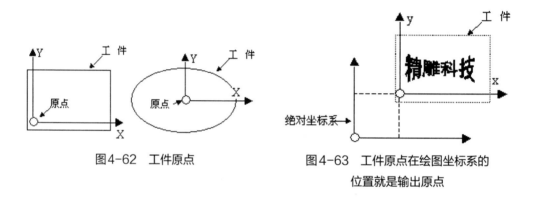

图4-62　工件原点　　　　　图4-63　工件原点在绘图坐标系的位置就是输出原点

④ 在输出路径时，为了保证装卡，一定要指定工件坐标系原点的位置，如图4-62所示。

⑤ 在工件装卡之后，工件坐标系原点在工作台面上的位置，被称为起刀点。

（2）输出原点——定义工件坐标系的原点

提起原点就应该想到坐标系。原点亦即坐标系的O点。这里的坐标系是三维坐标系，也就是说在前面讲到的X、Y二维坐标系上加上一个垂直于屏幕方向并过原点的Z轴。定义刀具路径的原点，就是定义刀具路径的相对坐标系。一旦相对原点确定了，那么这个刀具路径在这个相对坐标系中的位置就确定了，如图4-64所示。

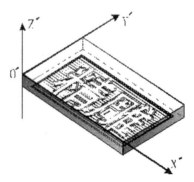

图4-64　输出原点

　　在前面讲路径信息时提到了"加工范围"，那么"加工范围"中的坐标值与输出原点有什么关系呢？

　　区别：加工范围中显示的X、Y、Z三个方向的坐标值是刀具路径在绘图区的绝对坐标系中的坐标值，输出原点是相对坐标系的原点在绝对坐标系中的坐标值。

　　联系：通过定义刀具路径原点在绝对坐标系中的坐标来定义刀具路径原点的位置，如图4-65所示。

　　例如：图4-66将输出原点的X、Y坐标定义为"路径左下角"，输出原点的Z坐标是"O"点。

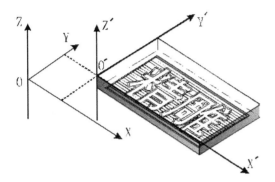

图4-65　加工范围坐标与输出原点的关系

图4-66　特征点

　　定义完后，可以发现X、Y处显示的坐标就是刀具路径的左下角的绝对坐标。在前面讲"路径信息"中提到"Z方向的范围不是雕刻深度"。其实雕刻深度等于输出原点Z的绝对坐标值减去刀具路径在"路径信息"中Z方向的最小坐标值的差值。

　　为什么要定义刀具路径的原点呢？

　　原点是刀具运动的一个参照点。假如把刀具路径的原点定义为X、Y的左下角、Z方向定义为O点，如图4-64所示，那么刀具路径上的其他点就以这个点为参照点来确定相对位置。刀具在雕刻中就以这些点相对于原点的参数进行加工。

　　① 原点与雕刻起刀点的关系。在进行雕刻时，首先要定义X、Y、Z三个方向的起刀点，那么起刀点与原点有什么关系呢？

　　它们是一一对应的关系。起刀点的位置就是刀具路径加工文件的原点位置。起刀点的位置定义好了，那么这个刀具路径的原点就确定了，加工时，刀具就以起刀点为参照点进行雕刻。

　　② 原点、起刀点与材料之间的关系。刀具路径的输出是为了雕刻。雕刻一定是在材料上进行的，那么原点与材料之间有什么关系呢？其实，它们也是一一对应的关系。如果把原点定义为X、Y的左下角、Z方向定义为O点，那么从俯视图看，起刀点就应当定义在材料的左下角，起刀点的Z值应当定义在材料的上表面，如图4-67所示。

　　③ 原点的确定。原点的确定有四种方法：

　　第一种：选择"特征点"的方法。

　　定义X、Y坐标的特征点可以选择坐标原点、路径左下角点或路径中心；定义Z坐标的特征点可以选择坐标原点、路径最高点或路径最低点。

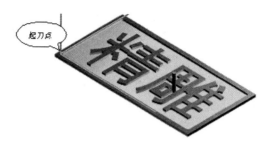

图4-67 雕刻加工效果

第二种：自定义的方法。

使用自定义的方法可以在X、Y或者Z所对应的方框中任意输入数值。使用自定义的方法确定输出原点时，必须对刀具路径的加工范围、加工深度与起刀点的坐标的关系有了较深刻的理解之后，才能使用这种方法。否则，很容易出现问题。特别是有多组路径同时输出时，更要注意这种关系。一般情况下，平面雕刻路径输出时，原点的X、Y选择"特征点"、Z选择"自定义"O点位置，这样比较容易理解和把握。

第三种：使用"拾取二维点"的方法。

二维点是指X、Y两个方向的坐标点，单击一下"拾取二维点"按钮，在刀具路径对应的默认原点位置出现如图4-68所示的标记。这时提示条提示"选取路径输出原点（二维）"，用鼠标捕捉图形上的点或者某位置单击。这里我们捕捉图形下边的中点。

图4-68 拾取二维点

单击鼠标左键，弹出导航菜单，提示"已捕捉到一个中点"，如图4-69所示。单击"确定"，又回到"刀具路径输出"对话框，继续操作。

图4-69 捕捉特征点

第四种：使用"拾取三维点"的方法。

三维点指具备X、Y和Z三个方向坐标值的点。Z坐标不一定是O点。三维点的拾取方式和二维点的拾取方法相同。

注意：在三维状态下，输出的路径是当前加工面上的可见路径。

第三部分

实操案例篇

第五章　纹样实战案例

任务一　回纹线绘制

／ 任务目标 ／

本任务主要学习绘制阵列图形，通过对图案的拆分，图案规律的梳理，运用相关命令，运用合理的直线功能绘制，并通过填充颜色，完成冲压，最后完成模型制作以及刀具路径的输出。

通过本任务，可以了解回纹雕刻制作的整个过程。

／ 能力要求 ／

① 熟悉软件基本参数设置。
② 熟悉线条修整相关命令。
③ 熟悉虚拟雕刻原理。
④ 掌握软件交互，完成电脑雕刻。
⑤ 掌握路径计算并输出。

一、任务说明

1. 任务背景

回纹，又称回字纹。如图5-1所示，是被中国民间称为富贵不断头的一种纹样。常见于新石器时代的彩陶器和商周青铜时代的青铜器上。它是由古代陶器和青铜器上的雷纹衍化来的几何纹样，因为它是由横竖短线折绕组成的方形或圆形的回环状花纹，形如"回"字，所以称作回纹。

图5-1　回纹砖雕

2.任务要求

本节中我们以回纹图案为例，讲解JDPaint软件绘图与建模过程。要求完成以下任务：

① 回纹线图形绘制；

② 模型建模；

③ 加工文件输出。

二、任务实施

步骤1：二维平面绘图

（1）矩形回纹线框绘制

① 输入参考文件。选择"文件"→"输入"→"点阵图像"（图5-2），出现选择框，在对话框内找到想要绘制的参考图形，找到后单击"打开"（图5-3）。这样就可以放到JDPaint二维的界面里。

② 根据找到的图形进行分析。单击"绘制"→"直线"，右边工具栏中，点选"两点直线"（图5-4）。

③ 分析图形，找到规律。找到基本图形（如图5-5中绿色框），并分析网格（如图5-5中红色网格），得出5行8列的网格。

图5-2　输入菜单

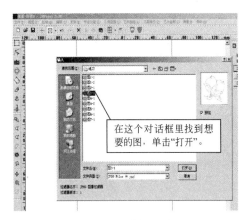

图5-3　选择图片

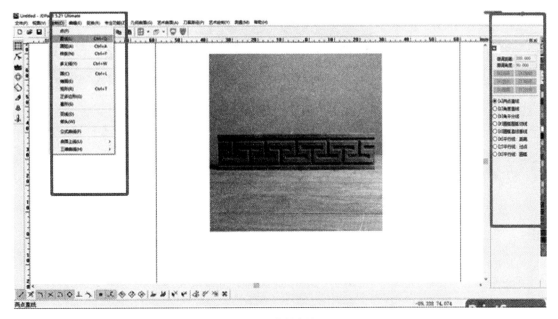

图5-4　绘制直线界面

④ 将图形进行重新梳理，打开 "正交捕捉" 功能，在空白处绘制一条水平直线和垂直直线，如图5-6所示。

图5-5 图形网格化后　　　　　　　　　　　图5-6 绘制水平和垂直线条

⑤ 选中直线并打开矩形阵列功能，如图5-7所示。

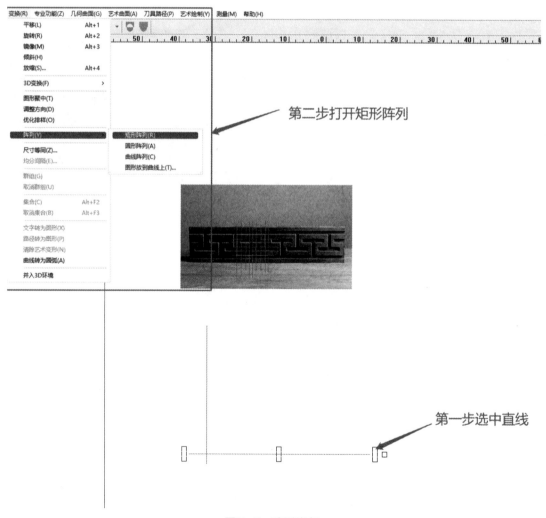

图5-7 阵列线条

⑥ 设置矩形阵列参数，如图5-8所示。

⑦ 单击"确定"后得出如图5-9所示图形。

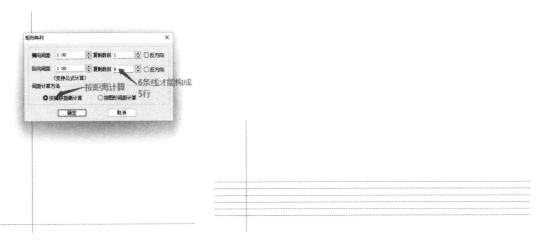

图5-8　矩形阵列参数设置　　　　　　　　　　图5-9　纵向阵列后的图形

⑧ 选中垂直线条，再次进行矩形阵列，设置参数如图5-10所示。

⑨ 得到网格，如图5-11所示。

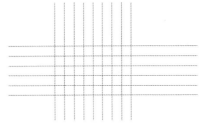

图5-10　横向复制　　　　　　　　　　图5-11　网格效果

⑩ 使用修剪命令，对网格进行修剪，如图5-12所示。并将原始图形修剪成单位图形，如图5-13所示。

⑪ 选中单位图形，使用矩形阵列命令将网格阵列成一行，参数如图5-14所示。

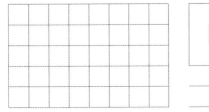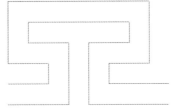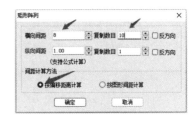

图5-12　修剪边界后的网格　　　图5-13　修剪完成后的单位图形　　　图5-14　矩形阵列参数

⑫ 得到阵列图形，如图5-15所示。

⑬ 复制阵列图形并旋转90°再移动得到如图5-16图形。并绘制辅助线如图5-17所示。

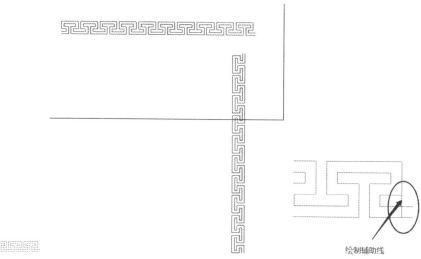

图5-15 矩形阵列后的图形　　图5-16 复制、旋转、移动后的图形　　图5-17 绘制辅助线

⑭ 平移图形,如图5-18所示。

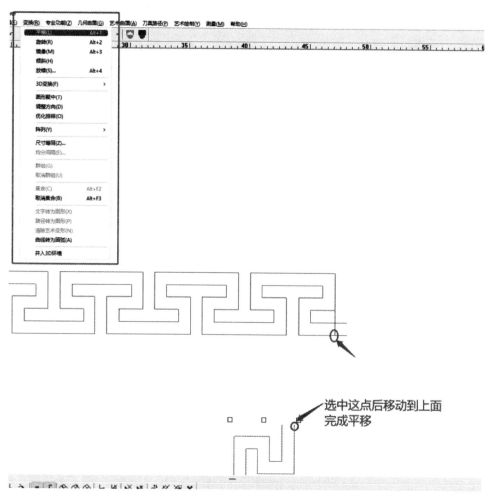

图5-18 平移图形

⑮ 修剪，得到图形如图5-19所示。

⑯ 打开 ⊥ "正交捕捉"功能。在中点位置绘制水平和垂直直线，如图5-20所示。并以此为边界修剪图形，得到新的直角图形，如图5-21所示。

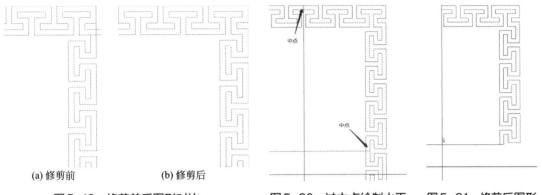

(a) 修剪前　　　　　　(b) 修剪后

图5-19　修剪前后图形对比　　　　图5-20　过中点绘制水平　图5-21　修剪后图形

和垂直线

⑰ 将修剪后的图形选中，使用镜像命令，勾选复制图形选项。水平镜像图形如图5-22所示。

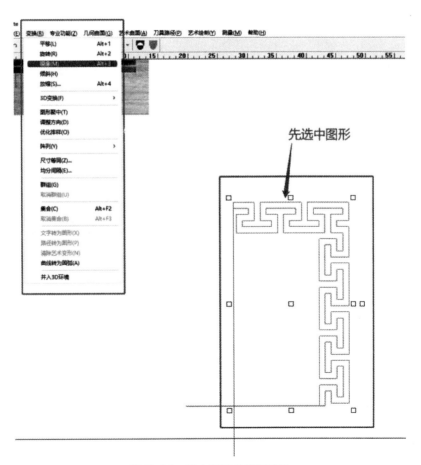

图5-22　选中图形并进行镜像

⑱ 水平镜像时要注意起点与末点，如图5-23所示。垂直镜像时对象需要重新选择，并注意起点和末点，如图5-24所示。最终完成回纹线条绘制，如图5-25所示。

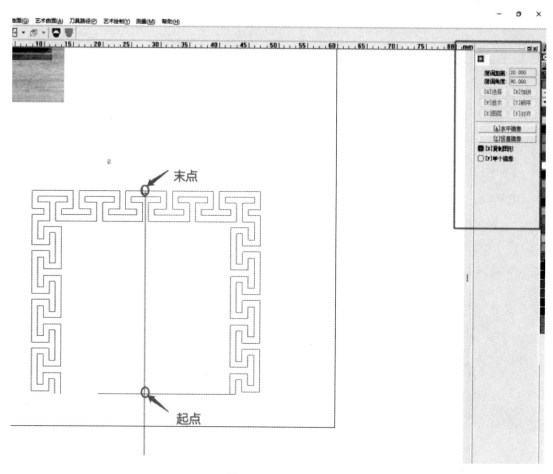

图5-23　水平镜像

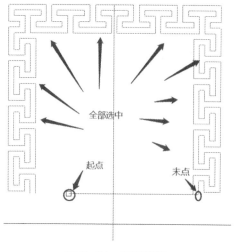

图5-24　垂直镜像

图5-25　回纹线框绘制完成

（2）圆形回纹线框绘制

① 在圆形回纹线框绘制中，利用上文前⑫步骤的绘制方法，得到水平的回纹线框，并在此基础上绘制。原理如图5-26所示，通过周长公式，推导计算出绘制圆的半径，并以此半径绘制圆。

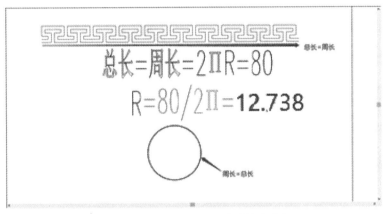

图5-26　通过圆周长公式计算出半径

② 选中图形并集合，如图5-27所示。

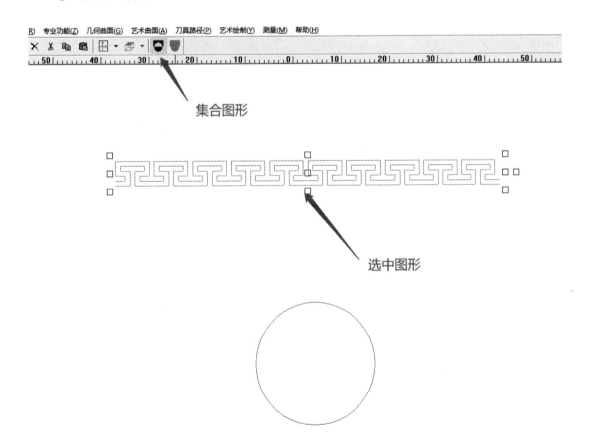

图5-27　集合图形

③ 打开"图形放在曲线上"命令。如图5-28所示。

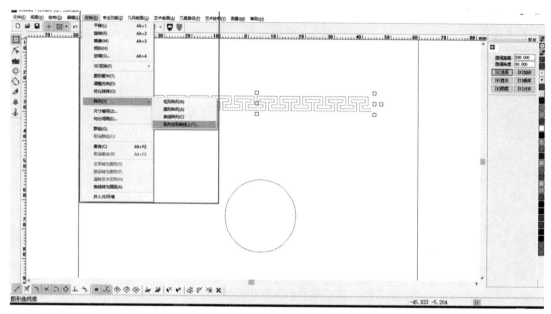

图5-28　图形放在曲线上

④ 点选圆，跳出图5-29的参数，勾选"法向变形"，单击"确定"，完成图形如图5-30所示。

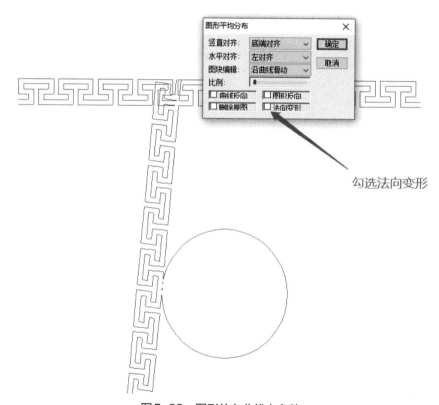

图5-29　图形放在曲线上参数

图5-30　圆形回纹线框绘制完成

步骤2：虚拟模型雕刻

① 单击 ✐ 进入虚拟雕塑界面，选中图形，单击"模型"→"新建模型"，单击"确定"。参数设置如图5-31所示。

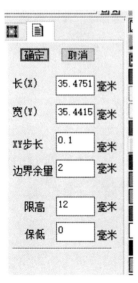

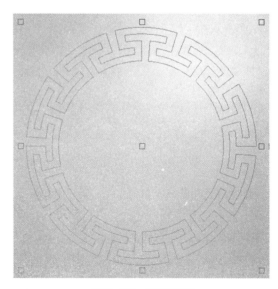

图5-31　模型建模参数　　　　　　　图5-32　模型界面

② 建模完成后如图5-32所示，其中黄色底色为软件默认颜色。

③ 先选择颜色，单击"颜色"→"单线填色"，单击图形线条，可以看见线条已经被涂上颜色，如图5-33所示。Ctrl键＋单击鼠标左键要填色的区域即可完成填充，如图5-34所示。

④ 单击"雕塑"→"冲压"，根据图5-35参数进行设置。单击颜色区域完成冲压。

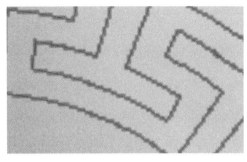

图5-33 单线填色

图5-34 填充颜色

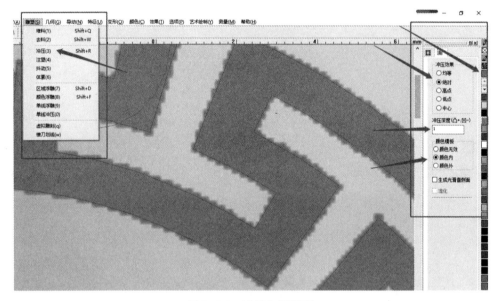

图5-35 冲压参数设置

⑤ 单击"选项"可以对显示模式进行切换,如图5-36所示。

图5-36 地图方式显示和图形方式显示

⑥ 单击"模型"→"Z向变换"→"高点移至XOY",完成模型设置,如图5-37所示。

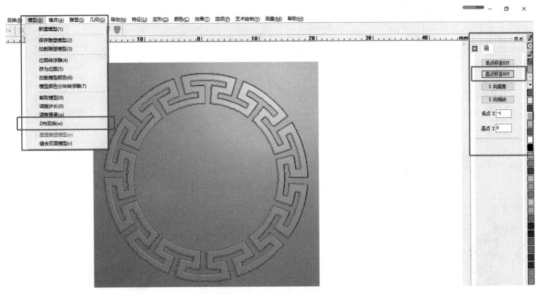

图5-37 模型调整

步骤3: 刀具路径计算

① 在初始界面中选择模型,单击"刀具路径"→"路径向导",如图5-38所示。

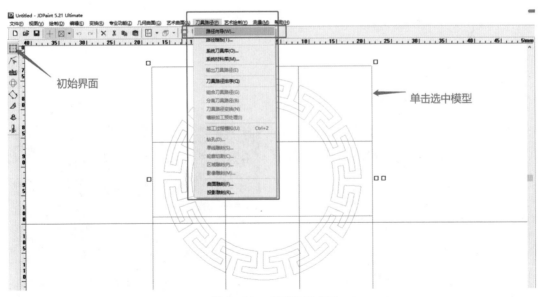

图5-38 刀具路径向导

② 在向导过程中一步步选择参数,如图5-39所示。

③ 设置重叠率,重叠率越高,雕刻越细腻,时间越久。重叠率越低雕刻越粗糙,时间越短,如图5-40所示。设置"进刀方式",选择"关闭进刀",如图5-41所示。

④ 自动计算路径后会有一层路径出现,如图5-42所示。选中路径文件如图5-43所示。

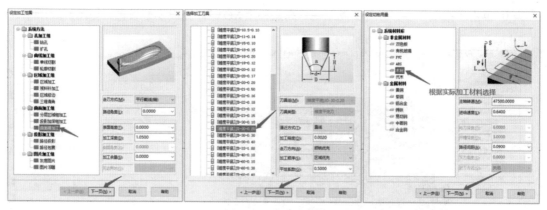

图5-39　加工参数选择

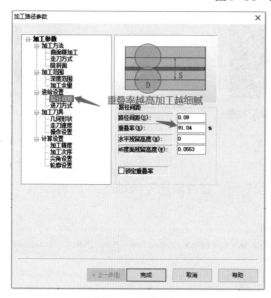

图5-40　路径间距参数

图5-41　进刀方式参数

图5-42　计算好的路径

图5-43　路径选中状态

⑤ 选中路径状态下选择"刀具路径"→"输出刀具路径",如图5-44所示。

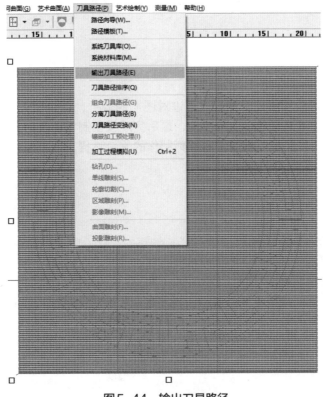

图5-44　输出刀具路径

⑥ 对路径名称进行命名保存,如图5-45所示。在弹出的菜单中选择"特征点"→"路径左下角",如图5-46所示。最后确定输出完成。

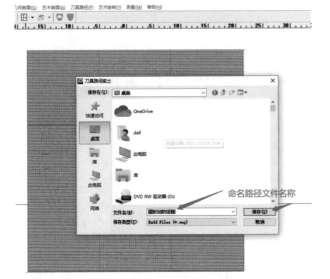

图5-45　路径保存

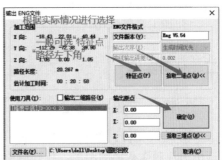

图5-46　特征点选择

任务二　桃子图形绘制

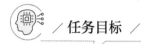

/ 任务目标 /

本任务主要学习绘制不规则图形，通过对图案的分析，运用相关命令，利用合理的曲线功能绘制，并通过填充颜色，完成冲压，最后完成模型制作以及刀具路径的输出。

通过本任务，可以了解不规则图案雕刻制作的整个过程。

/ 能力要求 /

① 熟悉软件基本参数设置。
② 熟悉曲线绘制相关命令。
③ 熟悉去料笔刷调整。
④ 掌握软件交互，完成电脑雕刻。
⑤ 掌握路径计算并输出。

一、任务说明

1. 任务背景

桃在古代为长寿之意。人们的文化观念中，桃蕴含着图腾崇拜的原始信仰，有着生育、吉祥、长寿的象征意义。这些象征意义以各种不同的形式潜存于人们心理并通过民俗活动得以引申、发展、整合、变异。其中桃花象征着春天、爱情、美颜与理想世界，桃果有着长寿、健康、生育的寓意。

2. 任务要求

本节中我们以桃子图案为例，讲解JDPaint软件绘图与建模过程。要求完成以下任务：
① 桃子图形绘制；
② 模型建模；
③ 加工文件输出。

二、任务实施

步骤1：二维平面绘图

① 输入文件。单击"文件"→"输入"→"点阵图形"（图5-47），出现选择框，在对话框内找到你想要的图形，找到后单击"打开"（图5-48）。这样就可以放到JDPaint二维的界面里。

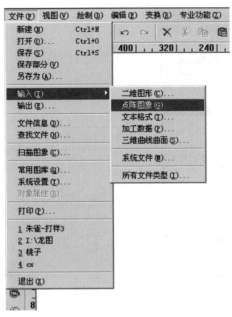

图5-47　输入图像

图5-48　选择图像

②根据找到的图形进行描图。单击"绘制"→"多义线"（图5-49），右边工具栏中选择"样条曲线"（图5-50）。

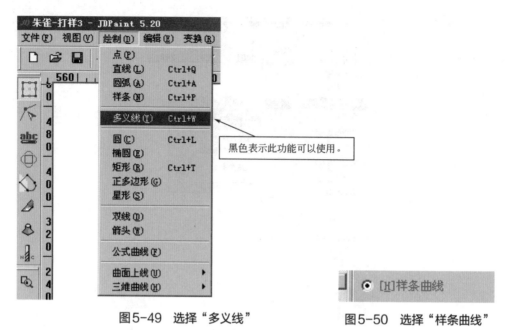

图5-49 选择"多义线" 　　　　图5-50 选择"样条曲线"

黑色表示此功能可以使用。

[H]样条曲线

　　选择好以后开始描图，在描线时单击鼠标的左键开始，线条走向根据鼠标移动的方向来定，如果想描一个尖角，鼠标就在要改变位置的地方单击一下右键（图5-51），单击右键是表示可以转折线条的方向，双击右键表示结束描线过程。

描线中要想改变方向就单击鼠标右键。

图5-51 末点位置

　　描线时要注意，两条线不要重复在同一个位置上，如图5-52所示。

　　正确的描线如图5-53所示。

　　③ 修剪多余的线条。修剪功能是利用一条或多条曲线对象对给定曲线进行修剪，删除不需要的部分，如图5-54所示。

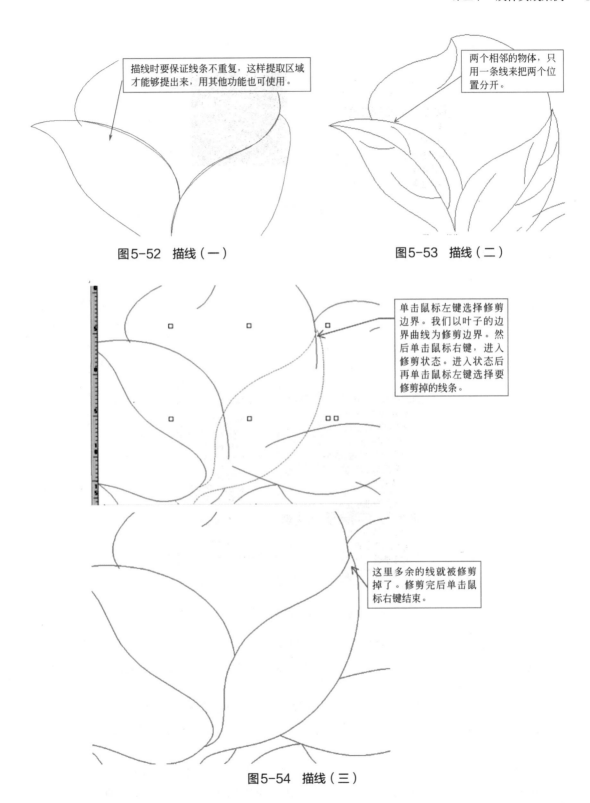

描线时要保证线条不重复，这样提取区域才能够提出来，用其他功能也可使用。

两个相邻的物体，只用一条线来把两个位置分开。

图5-52　描线（一）

图5-53　描线（二）

单击鼠标左键选择修剪边界。我们以叶子的边界曲线为修剪边界。然后单击鼠标右键，进入修剪状态。进入状态后再单击鼠标左键选择要修剪掉的线条。

这里多余的线就被修剪掉了。修剪完后单击鼠标右键结束。

图5-54　描线（三）

④ 做网格面。图形描好后，在绘制里选择一个矩形绘制一个矩形框。然后选种矩形单击"艺术曲面"→"区域浮雕"，如图5-55所示。做好网格后用鼠标选择网格就进入虚拟雕塑中。

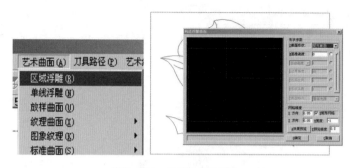

图5-55　选择区域浮雕

步骤2：虚拟模型雕刻

文件进入虚拟后我们先把每一个位置变成区域。

① 区域提取：这是为了方便我们填色进行局部的表现，可先把它们变成闭合的区域。

用鼠标全部选择线条，单击"艺术绘制"→"区域提取"。然后选择"生成外轮廓"，单击"确定"，这样一个外轮廓就生成了，如图5-56所示。

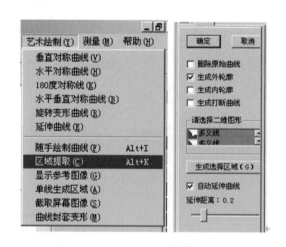

图5-56　区域提取

② 区域填色：这是为了确定制图的一个范围。

鼠标单击外轮廓线，选择"颜色"→"区域填色"。然后用鼠标左键点选外轮廓线，再单击要改变颜色的地方。

③ 冲压：这个功能可以确定想要的曲面高度，也可说是定板材的厚度。

鼠标单击"雕塑"→"冲压"，在右边的参数栏里填上想要的冲压深度，如图5-57所示。

④ 填色：对区域分别填色，还是用区域提取。

鼠标选中线条后，单击"艺术绘制"→"区域提取"→"生成选择区域"。然后就可把鼠标移动到想要生成区域的位置上，单击左键就可生成区域。然后单击"颜色"→"区域填色"，用鼠标选择要填色的区域边缘，然后再单击区域内，这样颜色就填进去了。之所以填成不同的颜色，就是要用颜色来划定操作的范围，如图5-58所示。

⑤ 分层次：针对这张图把冲压功能分出大的层次，如图5-59所示。

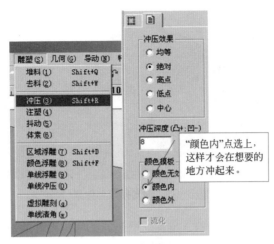

图5-57　冲压高度参数

图5-58　颜色填充效果

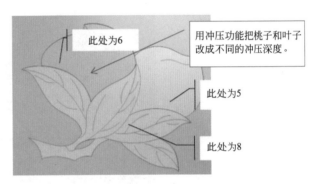

图5-59　冲压高度

⑥ 区域浮雕：用区域浮雕让桃子先鼓起来，如图5-60所示。

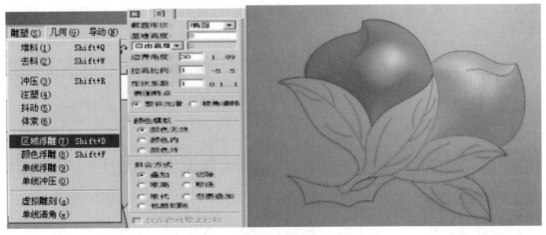

图5-60　区域浮雕参数与效果

⑦ 去料：用去料来进一步刻画，选择"雕塑"→"去料"，来针对局部去表现。在去料后不光滑的地方就用"效果"→"磨光"来把表面磨得光滑起来，如图5-61所示，这相当于木雕中的修光。

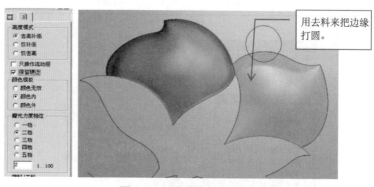

图5-61　磨光参数与效果

　　虚拟雕塑中用得最多的就是去料、堆料、磨光。如果觉得有的地方进行去料了，可以用雕塑中的堆料来弥补。在堆料、去料、磨光的重复使用下这个桃子就做好了，如图5-62所示。

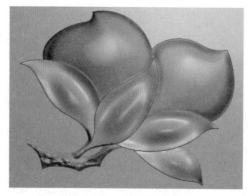

图5-62　磨光后的效果

　　⑧ 导动去料：导动去料可以根据线条的长度自动在线条上去料。现在把叶子的筋脉做出来，这个功能是模仿三角刀的效果。菜单界面如图5-63所示。导动去料参数设置如图5-64所示。

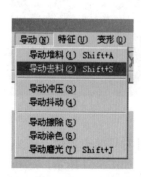

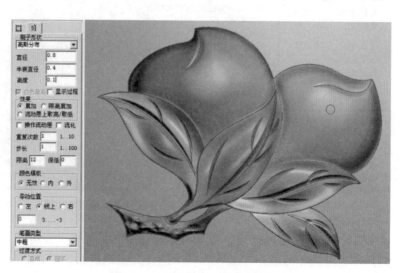

图5-63　导动去料菜单

图5-64　导动去料参数及最终效果

步骤3：刀具路径计算

参照任务一步骤3"刀具路径计算"进行。

任务三　对称图形绘制

 ／任务目标／

本任务主要学习绘制对称图形，通过对图案的分析，运用相关命令，使用合理的镜像功能，并通过冲压堆、去料以及颜色特征对称，最后完成模型制作以及刀具路径的输出。

通过本任务，可以了解对称图案雕刻制作的思路。

／能力要求／

① 熟悉软件基本参数设置。
② 熟悉曲线绘制相关命令。
③ 熟悉去料笔刷调整。
④ 掌握特征命令对模型特征进行镜像。
⑤ 掌握路径计算并输出。

一、任务说明

1. 任务背景

一个图形沿着一条直线对折后两部分完全重合，这样的图形叫作轴对称图形。折痕所在的直线叫作它的对称轴。轴对称图形在生活中非常常见，蝴蝶、风筝、枫叶、人脸等等，都可以简化成轴对称图形，因此在人们日常生活中非常常见，同时也是平面美学中重要的构成元素。

2. 任务要求

本节中我们以轴对称的花卉图案为例，讲解JDPaint软件绘图与建模过程。要求完成以下任务：

① 轴对称图形绘制。
② 模型建模。
③ 加工文件输出。

二、任务实施

步骤1: 二维平面绘制

① 输入文件。鼠标单击"文件"→"输入"→"点阵图形"如图5-65所示,出现选择框,在对话框内找到你想要的图形,找到后单击"打开",如图5-66所示,再次单击鼠标左键,这样就把目标图片放到了JDPaint二维的界面中。

图5-65　图形输入

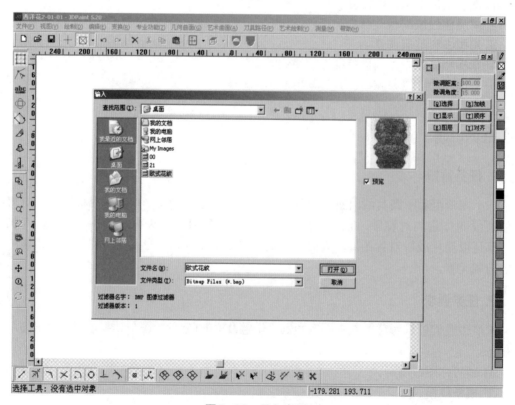

图5-66　导入类型

②　描图。根据二维图片开始描图。单击"绘制"→"多义线"→"样条曲线"（图5-67）。

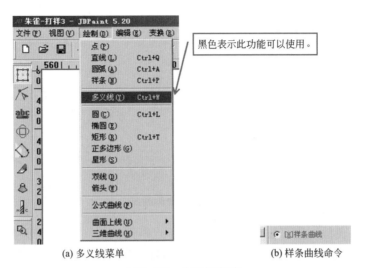

(a) 多义线菜单　　　　　　　　(b) 样条曲线命令

图5-67　多义线参数

接下来开始描图，单击鼠标左键，线条走向根据鼠标移动的方向来定，描好一段曲线单击右键表示转折下一个方向描图，双击右键表示结束描线过程（图5-68）。

图5-68　描图节点

③　修剪线条。单击"编辑"→"修剪"，目的是删除不需要的线条。选择一个修剪边界，单击鼠标左键点选不需要的线条，单击右键结束命令（图5-69）。

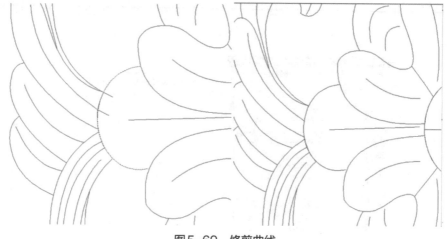

图5-69   修剪曲线

④ 制作网格曲面。图形描好后，再绘制中点矩形，制作一个矩形框。然后选择矩形框，鼠标单击"艺术曲面"→"区域浮雕"，同时会自动弹出对话框（图5-70、图5-71）。做好网格后用鼠标选中网格曲面就进入了虚拟雕塑界面。

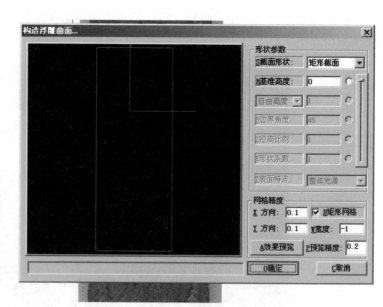

图5-70   艺术曲面参数   图5-71   区域浮雕参数

步骤2：虚拟雕塑雕刻

文件进入虚拟后我们先分成区域。

① 区域提取。

目的：方便填充颜色同时也为我们使用区域浮雕奠定基础。

选中全部线条，单击"艺术绘制"→"区域提取"。之后选择"生成内轮廓"，看到闪过的线条并变成红色，这种状态表示区域已提取，单击"取消"。这样区域就生成了（图5-72）。

②区域填色。

目的：确定一个操作范围。有两种快捷方法：

a. 选择闭合线条，按空格键，填充颜色。

b. 使用"颜色"→"区域填色"。使用方法：用鼠标左键点选外轮廓线，再单击要改变颜色的地方（图5-73）。

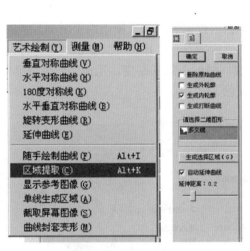 

图5-72　区域提取　　　　　　　　　　图5-73　颜色填充

③冲压。

目的：确定想要的曲面高度，也可以说是木材的厚度。

使用方法：单击"雕塑"→"冲压"，在右边的参数栏里填上想要的冲压深度，如图5-74所示。

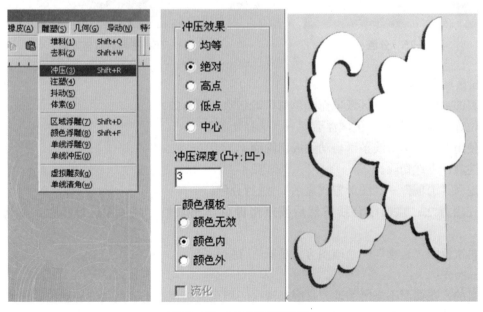

图5-74　冲压参数与效果

④ 对大的区域进行分色。

选择一部分的线条后，单击颜色，之后按空格键颜色自动填充。或用"颜色"→"区域填色"，如图5-75所示。

⑤ 分大的层次关系。

a.去料。

目的：将大体层次分开，如图5-76所示。

位置：在"雕塑"→"去料"。

使用方法：按鼠标左键，是在某个颜色内挖料的过程（模仿手工雕刻刀铲的效果）。

注意： 在使用堆料、去料功能时要在"选项"→"地图方式显示"中进行。

在"地图方式显示"中可以按Shift键同时单击鼠标左键，当前的颜色将会根据鼠标点选的位置的不同而改变颜色，方便选择颜色。

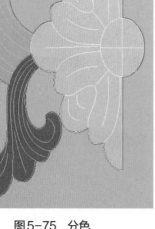

图5-75　分色

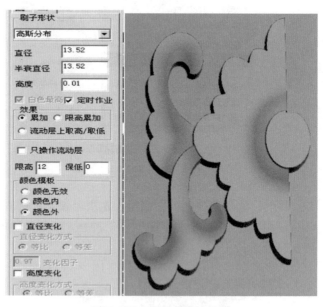

图5-76　去料参数与效果

b.区域浮雕。

目的：将一个闭合区域填充颜色与区域切除（图5-77）。

位置："雕塑"→"区域浮雕"→"选择切除"。

使用方法：单击线条可自动生成切除面。

注意： 点选切除。

返回"选项"→"图形方式显示"，进行分色。

使用方法：点选闭合线条然后按空格键可填充颜色，或使用区域填色，如图5-78所示。

再次返回"选项"→"地图方式显示"，进行去料。

c.磨光：

目的：在曲面不光滑的地方打磨光滑（一档至五档相当于砂纸由细砂到粗砂转换）。

位置：在"效果"→"磨光"→"保留硬边"→"颜色内"，如图5-79所示。

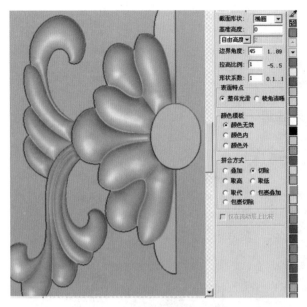

图5-77　区域浮雕参数与效果

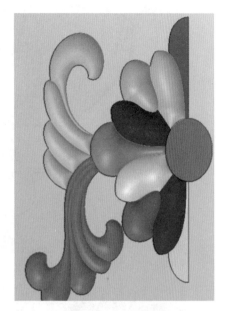

图5-78　区域填色

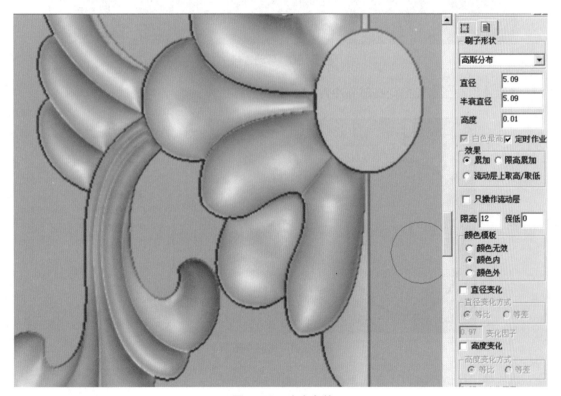

图5-79　磨光参数

d. 导动去料。

目的：模仿手工三角刀的雕刻。

位置：在"导动"→"导动去料"（右侧参数可自行调整），如图5-80所示。

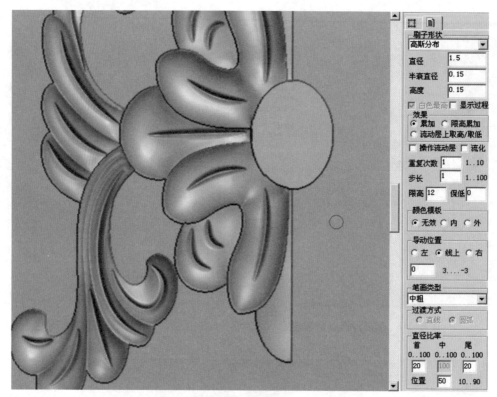

图5-80 导动去料

再次使用冲压功能把花心部分冲到2.5，如图5-81所示。

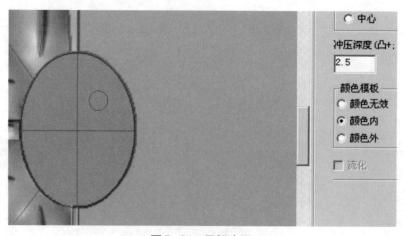

图5-81 局部冲压

再次使用区域浮雕，注意选"叠加"，如图5-82所示。

e. 特征对称。

目的：将做好的曲面对称到另一边。

位置："特征"→"对称特征"。

使用方法：把绘制好的曲面填充一样的颜色，点选曲面同时点选轴线的起点与末点，完成，如图5-83所示。

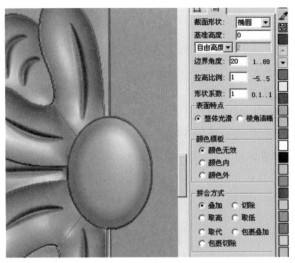

图5-82 区域浮雕（叠加效果）

图5-83 对称模型效果

步骤3：刀具路径计算

参照任务一步骤3"刀具路径计算"进行。

任务四 编织纹理绘制

 **任务目标**

本任务主要学习绘制编织缠绕图形，通过对图案的分析，运用相关命令，使用合理的阵列功能组合，并通过冲压堆去料以及颜色特征对称，最后完成模型制作以及刀具路径的输出。

通过本任务，可以了解编织缠绕图案雕刻制作的整个思路和过程。

能力要求

① 熟悉软件基本参数设置。
② 熟悉图形阵列相关命令。
③ 熟悉祥云单线浮雕命令用法。
④ 掌握特征命令对模型特征进行阵列。
⑤ 掌握路径计算并输出。

一、任务说明

1. 任务背景

编织图案是一种利用重复的基本图案，寓意生生不息、代代相传的文化，在我国历史的发展过程中不但始终保持着中华民族传统艺术的主脉，还保留了民族风格传统、风俗习惯。编织图案不仅仅是一种艺术创作，不少人还利用它来舒缓压力，所以还被称为"头脑瑜伽"，通过缠绕，人脑可以很容易地进入冥想状态，逐渐达到深度专注。

编织图案源自竹编工艺（图5-84），在浮雕应用中，常用在雕刻家具、木门等产品上，也可用于雕刻石材的铺贴。

图5-84 竹编

2. 任务要求

本节中我们以编织图案雕刻为例，讲解JDPaint软件绘图与建模过程。要求完成以下任务：
① 编织图案绘制。
② 模型建模。
③ 加工文件输出。

二、任务实施

步骤1：二维平面绘制

首先要对编织纹理进行分析。寻找基本的"单元"。

① 绘制矩形，如图5-85所示。（注意：此时的矩形大小并不能限定。）

图5-85　矩形绘制

② 选中矩形，选择"变换"→"放缩"，如图5-86所示。保持矩形的长宽比在2∶1，在对话框中输入参数，如图5-87所示。

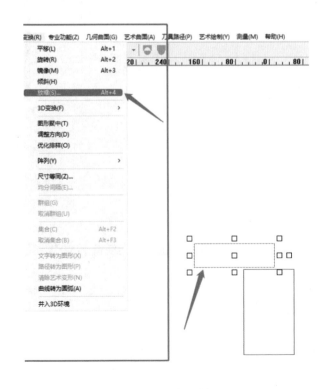

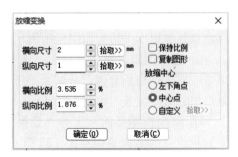

图5-86　变换菜单　　　　　　　　　　　　　　　图5-87　放缩参数

③ 打开 ![] 功能绘制一条直线，该直线位于矩形宽度的大约1/3处，代表圆弧的最高点，并将超出矩形部分修剪掉，如图5-88所示。

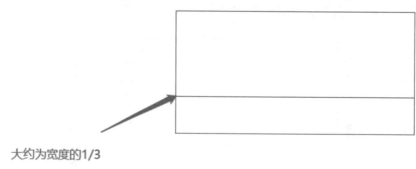

大约为宽度的1/3

图5-88　绘制直线

④ 绘制三点圆弧，弧线位置与线的中点相切，如图5-89所示。

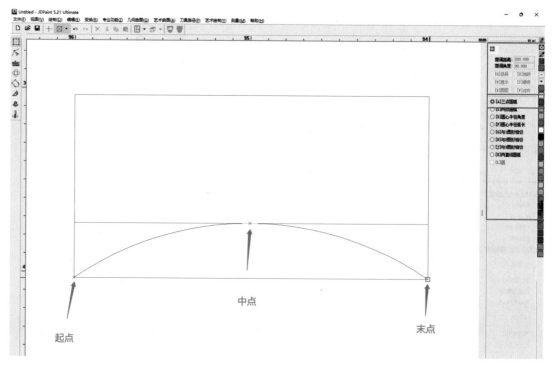

起点　中点　末点

图5-89　绘制三点圆弧

⑤ 选中矩形按Ctrl键+方向键复制一个新的矩形，使用Shift键+方向键旋转90°，并将新得到的矩形平移到如图5-90所示的位置。

⑥ 进入端点编修工具界面，选中矩形并框选4个节点，单击"分离节点"，单击"解集合"完成矩形的分解，分解后矩形就被分离成四根独立的线条，用同一方法，将另一个矩形也分离成线条，如图5-91所示。

⑦ 回到初始界面，选择"变换"→"调整方向"。我们可以看到由于矩形分解，上下两根线条的方向是相反的，选择下面的线条单击"反向"，使得两条线的方向一致，如图5-92所示。

图5-90 复制、旋转、平移矩形

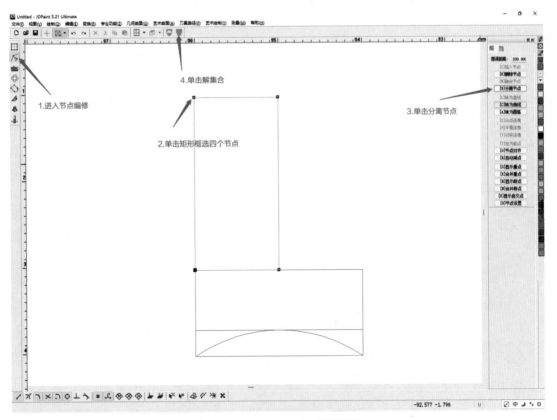

图5-91 完成两个矩形的分解

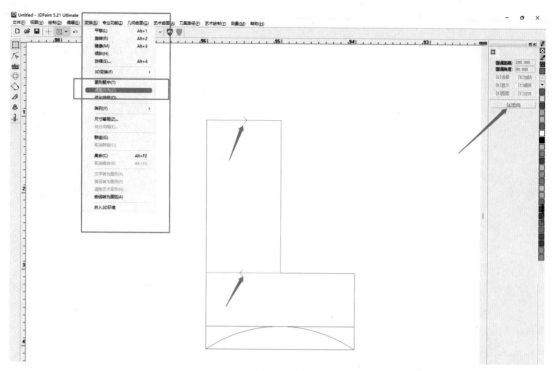

图5-92 反向线条

⑧ 同样的方法将图5-93所示中的四条线调整为同方向线条。

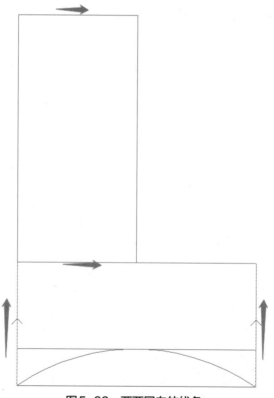

图5-93 两两同向的线条

步骤2：虚拟雕塑雕刻

① 根据绘制的图形建模，如图5-94所示。

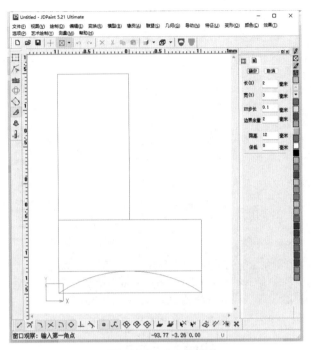

图5-94　建立模型

② 调整模型步长，增加模型的精度，如图5-95所示，大约5万个顶点数即可。

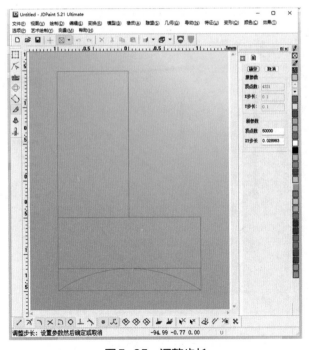

图5-95　调整步长

③ 选择如图5-96所示参数，注意：轨迹线为两条同方向的直线，截面线为三点弧。

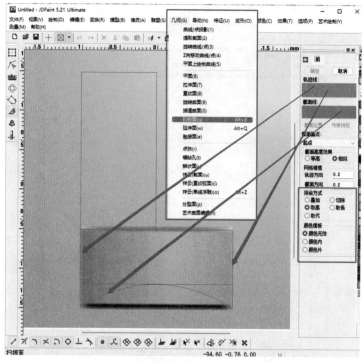

图5-96 扫掠面（一）

④ 同样的方法选择另外两根作为轨迹线，截面线还是选择圆弧，如图5-97所示。

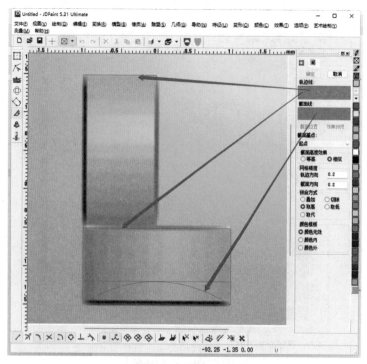

图5-97 扫掠面（二）

⑤ 另外绘制一个大矩形框，新建模型，如图5-98所示。

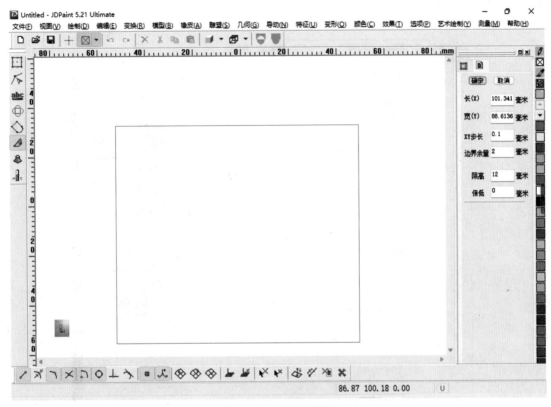

图5-98　矩形框绘制

⑥ 将原模型及线条全部选中，顺时针旋转45°，并移动到矩形框中，如图5-99所示。

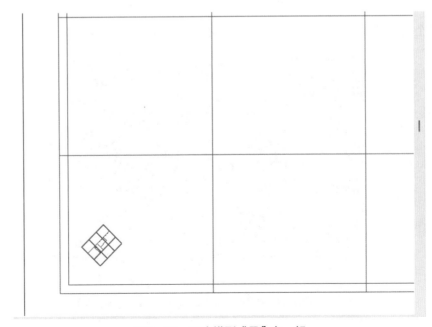

图5-99　两个模型"叠"在一起

⑦ 如图5-100所示，将两个模型拼合在一起。"被拼曲面"选择小模型，"拼合基面"选择大模型，勾选"曲面融合"。

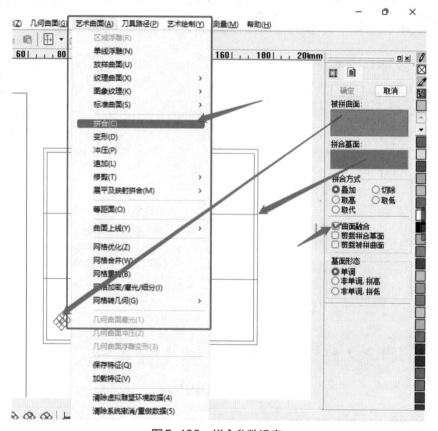

图5-100　拼合参数设定

⑧ 两个曲面被融合在一起，如图5-101所示。

图5-101　拼合后效果

⑨ 在"选项"→"图形模式"下，框选所有线条，按空格键快速填色，如图5-102所示。

图5-102　填色效果

⑩ 测量数据，得出横向和纵向的长度，如图5-103所示。

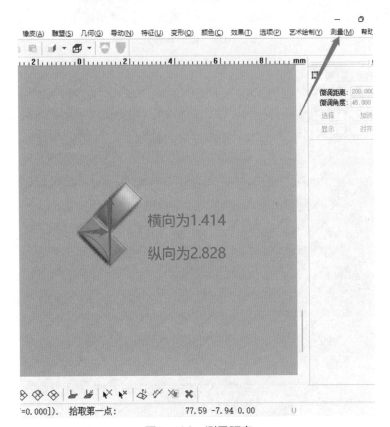

图5-103　测量距离

⑪ 选择"特征"→"矩形阵列",参数如图5-104所示。单击粉红色矩形完成阵列,如图5-105所示。

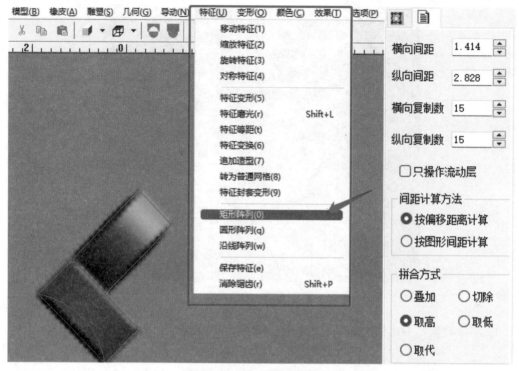

图5-104 矩形阵列参数

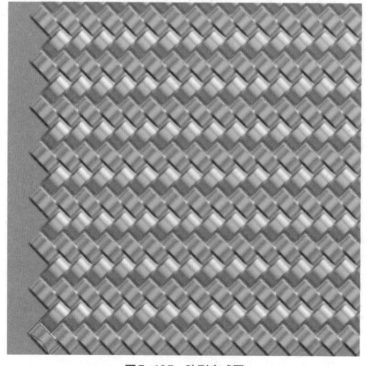

图5-105 阵列完成图

⑫ 在阵列好的模型中绘制椭圆，截取椭圆内模型，完成编织图案绘制，如图5-106所示。

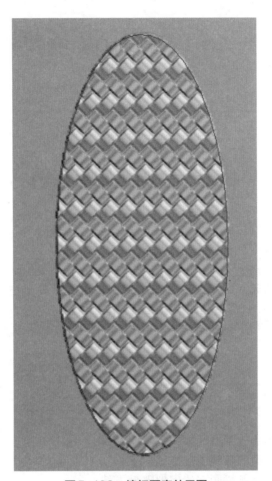

图5-106 编织图案效果图

步骤3：刀具路径计算

参照任务一步骤3"刀具路径计算"进行。

综合实战案例

任务一 山水题材实例

 / 任务目标 /

本任务讲解制作祥云、山水、树枝三个实例，通过对其雕塑造型分析，运用相关命令，使用合理的软件命令，最后完成模型雕刻制作。

通过本任务，可以了解传统山水题材浮雕制作的整个思路和过程。

/ 能力要求 /

① 熟悉山水题材浮雕的画面元素构成。
② 熟悉山水题材浮雕的雕塑表达方式。
③ 熟悉祥云、山水等题材图案的虚拟雕刻方法。
④ 掌握虚拟雕刻笔刷调整。

一、任务说明

1. 任务背景

山水画是中国画传统分类之一，寓意吉祥。山水画中，山是表示靠山的意思；画中有石，寓意家境厚实；画中有水，寓意"旺丁旺财"；画中有飞瀑或叠泉，寓意财源滚滚、源远流长，左右飞瀑或叠泉则寓意左右逢源；而画中有水潭则寓意聚宝盆；有舟船一律船头向内，则寓意一帆风顺。

2. 任务要求

本节中我们以山水浮雕制作为例，讲解JDPaint软件绘图与建模过程。要求完成以下任务：
① 山水浮雕图案描线。
② 浮雕模型建模。

二、任务实施

图6-1　"祥云
（单线浮雕）"命令

拓展知识

　　"祥云（单线浮雕）"命令是针对木雕行业专门开发，它简化了操作步骤，更重要的是，它不再以常规方式作图，常规方法作图是采用"加"的方法实现浮雕的制作，此命令则采用"减"，功能创意的由来是借鉴了手工雕刻用雕刻刀"铲"和"凿"的方法。

　　由于木雕常常要求整个雕版的各个地方最高点保持一致，那么使用"堆料"的方法很难做到高点一致，就算用"限高"，也很难保证高点的美观性。

　　那么"祥云（单线浮雕）"如何使用"减"呢？

　　此命令位于几何命令菜单下，如图6-1所示。

1. 祥云制作实例

（1）制作步骤

打开"祥云（单线浮雕）"命令之后得到侧边菜单调节选项，如图6-2所示。

在使用该命令的时候需要注意的是描线。在绘制祥云的时候需要把每条描线保持流畅，转折尽量做到自然，如图6-3所示。

图6-2　"祥云（单线浮雕）"参数

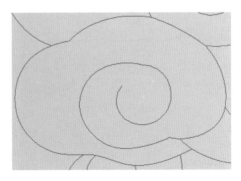

图6-3　描线效果

此外，在运用"祥云（单线浮雕）"的时候，刚开始往往会遇到一些问题，在这里就把"祥云（单线浮雕）"的操作过程和可能发生的问题做一个简单的说明。

① 对描绘好的祥云进行颜色的填充，不同层次和转折的云带填充不同的颜色，同一种螺旋状云层不能在整个螺旋形体中填充一种颜色，如图6-4所示。

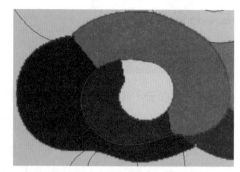

图6-4 颜色填充效果

② 然后把需要制作祥云的区域冲压出一个所需要的高度，如图6-5所示，在云带各自区域内填充指定颜色，如图6-6所示，进入命令后根据提示选择颜色区域和单线。

图6-5 冲压效果

图6-6 合理填色

③ 此时选择的单线和区域关系是：当中红色线条和灰色区域所示（如图6-7所示），祥云（单线浮雕）命令要依靠颜色和曲线同时配合使用，软件默认参数情况下会以红线处为基准点向灰色区域切除，所切除的高度可以通过参数调整（如图6-8所示）。

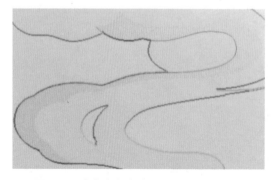

图6-7 在灰色颜色内使用祥云单线命令

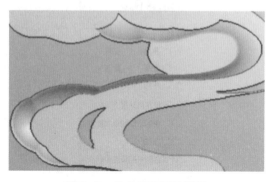

图6-8 命令使用后的效果

　　并不是说每次使用此命令的时候都需要把每一条云带的颜色都分割好，对于一块很大的龙板来说也是不现实的，可以按照自己的习惯进行填色，只要避免出现邻近色相同就可以了！

　　由于命令菜单进入后将会载入默认参数，其中可能引起新接触此命令的人发生操作错误的一个选项是："在流动层上比较"，由于命令为了在错误操作到云层以外区域的时候便于擦除，以及避免和固化层高度产生干涉，所以命令使用前需要把之前的操作图层固化，命令在固化和没固化的情况下的生成效果如图6-9、图6-10所示。

图6-9　固化以后效果　　　　　　　　图6-10　没固化效果

　　冲压层固化后，云层生成状态是处于固化层表面再进行的祥云浮雕，而冲压层没有固化的时候就进行祥云浮雕的话，那么生成的祥云浮雕直接避开作为流动层的冲压高度，在原始模型基底进行操作，极易导致模型错误。

　　此外，之前提到螺旋状云层的填色不可相同，那么我们应该如何来分割颜色呢？以下来做一个解释说明。

　　如图6-11所示，看起来已经把一个螺旋线分割好了，其实在最后浮雕的时候会在高亮显示区域出现一个问题，导致去料高度一致如图6-12所示。

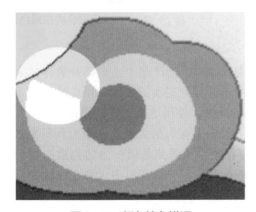 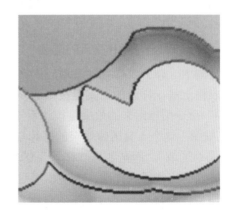

图6-11　颜色填色错误　　　　　　　　图6-12　导致去料高度一致

这时候按照黄绿色区域进行浮雕的时候，本来不应该出现层次交接的内圈和外圈出现了交接（它们出现了平滑的连接），所以这一部分的填色是有问题的，可以再次把该颜色区域分割一下，同时为了保证云层浮雕的流畅，在图6-13高亮区域增加一黑色线条连接云层两曲线断点，按照颜色区域所在长度分别进行打断和连接，最后生成曲面，问题得到解决，如图6-14所示。

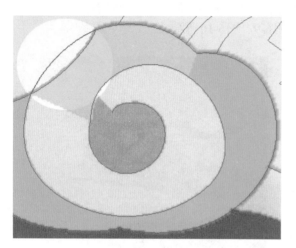 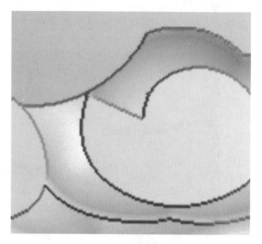

图6-13　增加辅助线分开颜色　　　　图6-14　正确地去料高度

在螺旋形云层分段浮雕的时候可从最外圈开始，最外圈浮雕生成以后（图6-13中黄绿色区域），再次浮雕（绿色区域）的时候可以在参数中选定"使用给定的最大距离"，这样在两色连接部分可最大限度保持连接的平滑。

同时为配合雕刻中常常有直侧壁的这个特点，我们在祥云内进行磨光的时候不得不小心翼翼地进行操作，避免影响直侧壁效果，针对这种情况的出现，在"磨光"命令当中增加"保留硬边"选项。

需要注意的是，保留硬边只有在颜色内或者颜色外的时候才会出现保留硬边选项，同时，保留硬边的时候并不保证颜色区域内所有的直侧壁都得以保留，而是针对颜色区域的最边缘（如图6-15所示）。

图6-15　保留硬边只能选择颜色内或颜色外

（2）祥云单线浮雕制作祥云的重点

在雕刻中。祥云纹样被大量地应用在装饰类或家具类的产品上。大都是装饰在家具的床头和衣柜上等。祥云的图案也被大面积地使用，并且分层次的表现。现在的"祥云（单线浮雕）"命令所作出来的效果是模仿手工雕刻的效果。使用这个工具描线很重要。

① 描图：这个工具所做效果的好坏与所描的线条有很大的关系。这个工具不要求所描的图形成"区域"，而是要以"线段"的形式存在。手工雕刻是以一条边为准向里铲，依照这种方式运用线段去作图。就图6-16这张云板来说，不管面积有多大按正常地去描，描好后再用"区域提取"里的"生成打断曲线"使线条交叉处断开（如图6-17所示）。如果运用熟练的话描图时就一次分好线段截取位置。这个工具对线段的长度没有限定，尽可能

地保证线条的流畅（图6-18），如果线段的弯曲度很大，那么就要考虑从中截断以保证所作曲面的光滑，由于它是上下两层所以先描上面那一层，把中间漏空的地方描成区域，要用去料的方法作图，这样在分层冲压高度时会方便一些（如图6-19所示）。

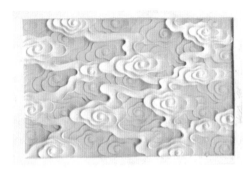

图6-16 参考云板

图6-17 区域提取

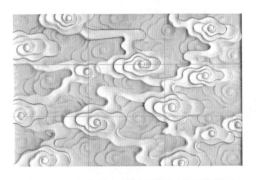

图6-18 彩色线条是显示每条线可连贯的
位置

图6-19 分层冲压

② 分颜色区域：由于所用的都是单线，要识别工作区域就要用单线添色来完成。在单线添色后按"空格键"可画颜色线条，这样就不用再去画线再添色了。注意添色时不同的区域颜色不要相连，要使颜色起到一个隔离区域的作用，如图6-20所示。

注意： 所添颜色在什么位置上改变，那么线段也要在同一位置断开。这样是为了保证祥云面的光滑效果，如图6-21所示。

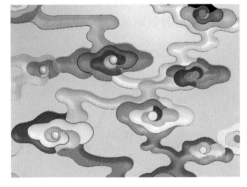

图6-20 颜色填充

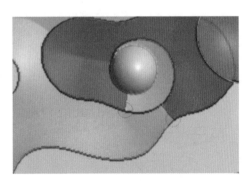

图6-21 线条的合理断开位置

③ 使用祥云单线浮雕：

a. 单击所要进行祥云浮雕的颜色区域。

b. 设置参数根据提示来选择所选颜色区域有关的二维线段。手工雕刻是依据线稿的走向依次下刀雕刻，这种方式在软件中就体现在所选的二维线段上。一般是点选圆弧的最高点为切入点，如图6-22所示。

④ 作图时几点注意事项。

a. 一个颜色区域的首尾不能相交或相连，颜色相近就会相互影响（如图6-23所示）。在作图时为了处理好颜色区域之间衔接得光滑，在"祥云（单线浮雕）"中点选"使用给定的最大距离"，它就会把前一次祥云浮雕的参数保留下来，用到下一个要操作的区域上，两个区域用同样的参数就可以连贯下来。这样一来每个位置的参数都会连贯应用下去。当颜色以图6-23这样添加时，同样的颜色相连在一起程序不能正确计算颜色区域中每一点的切入边界位置。

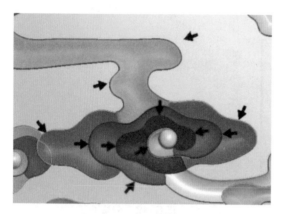 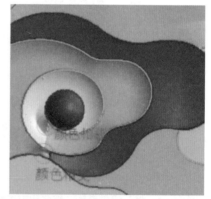

图6-22　点选线段的位置　　　　　　图6-23　相邻区域颜色不可相近

b. 线断的截断位置要与所添颜色的位置相对应。保证每一条线段有针对性地工作。如果线段没有因为区域颜色的改变而截断，那么也会造成曲面不光滑的衔接。线段截断也会使添色时更方便些。

c. 在点选线段的位置上，要灵活地运用辅助线段。如图6-24所示就是用颜色相邻的边来作为切入点。如果画一条辅助线就不会出现这种情况，如图6-25所示。所画的辅助线段一般是光滑的弧线，用这种作出的云面比较光滑。

d. 颜色区域的首尾要以当时两线之间位置的法向方向截断。这样断开有助于云面衔接得更流畅。就图6-24、图6-25可以看出两图的蓝色和紫色的截断方向不同，直接影响到云

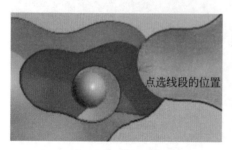 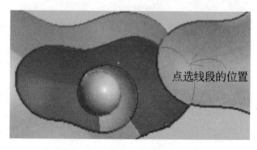

图6-24　没有增加辅助线效果　　　　图6-25　增加了辅助线效果

面衔接的效果。

　　e.要注意"祥云（单线浮雕）"参数的设定，这里面的参数与单线浮雕里的含义相同。工具栏中有一项"使用给定的最大距离"命是解决颜色区域衔接的问题。待颜色和线段都调整好之后打开"祥云（单线浮雕）"的工具栏，一般以默认值就可以，在第一次祥云变换时勾选"仅在流动层上"，然后去作图，这样电脑就会保留这次作图的数据，在下一次的变换祥云时点选上"使用给定的最大距离"，这样就依据第一次的数据来作图，由于两个区域用同样的参数所以衔接起来比较流畅。这个方法可以连续生成祥云面，如图6-26所示。

　　磨光时可勾选"保留硬边"，因为在雕刻祥云上时要求边是垂直的，所以点选它作出的云样即保证表面光滑又符合要求，如图6-27所示。

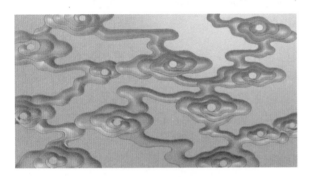

图6-26　使用相同的参数对类似的区域产生的效果

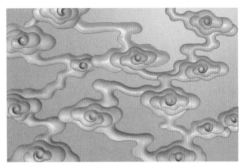

图6-27　局部进行去料和磨光后的效果
（层次更分明）

　　第一层做好后可固化一次，在冲压起下一层的高度，这个高度要低于上一层3毫米左右，这样层次才能拉开，如图6-28所示。用这个工具做的最后效果如图6-29所示。

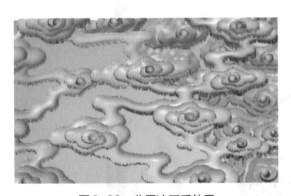

图6-28　分层冲压后效果

图6-29　最终效果

2. 山水制作实例

　　山水图中一般有树林、假山、楼、台、亭、阁等景物，不分前后能保留平面的，都要保留在平面上，可分层次、分块面。分层次要根据不同厚度的图设计而定，有的图要分四层，也有分五层、六层的，也有只分两层的，不论有几层可分，在模型建模时要从最底下的一层开始。普通山水模型一般分三层，第三层是远山或水面，第二层是中间的树或景，第一层是最近的人物或山石，层次分明，主次分明，如图6-30所示。

图6-30　山水模型分层

　　一般构图技巧：山弯树嫩叶茂盛，山顶树老有枯枝，近看低山树木密，远看高山树稀少，高山流水要三叠，水复山重路途遥，溪流曲折有三弯，水口开阔波纹显，小溪架设小木桥，村庄旁边大石桥，小船歇在村庄边，扯帆划撑听其便，当门主树高又大，林荫下面设亭台，楼阁平整窗精致，檐角高翘有人嬉，主山高峰白云飘，群峰川腰紧怀抱，半山腰上有平台，台上有亭能远眺，水边岩石相拥抱，柳树迎风水上飘。

　　山石在模型中尽可能采用石分三面来绘制，即顶面、受光面、背光面。如图6-31所示。

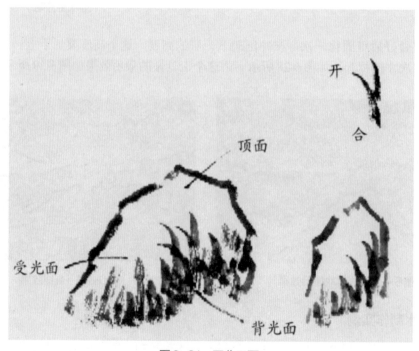

图6-31　石分三面

　　在浮雕山石中也需要将石分三面有所表达，如图6-32所示。

　　近处大石假山可镂空，远处的山石一般采用浅雕方式，这样处理以后层次丰富，将山石颜色填充一致，并冲压平整，如图6-33所示。

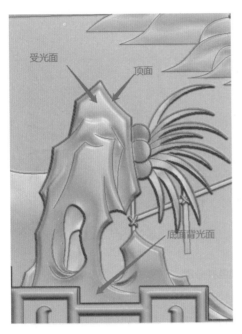

图6-32 浮雕模型中的石分三面效果

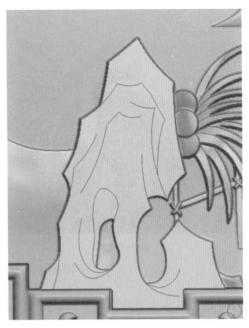

图6-33 浮雕中的镂空及冲压效果

制作步骤:

① 使用去料功能将山石逐步分层,区分大体造型,如图6-34所示。注意:此时颜色要根据区域进行细分。逐步分色,逐步去料分层,如图6-35所示。

图6-34 去料区分大体造型

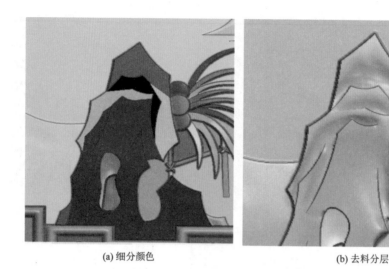

(a) 细分颜色   (b) 去料分层

图6-35 细分颜色并分层

② 导动去料将顶面处理出来, 如图6-36所示。

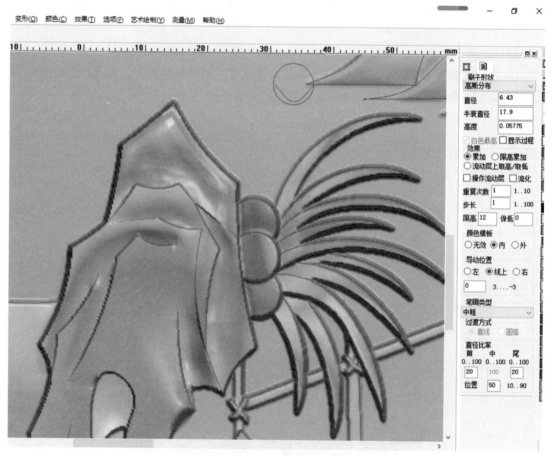

图6-36 导动去料处理山石顶面

③ 导动磨光将顶面适当打磨, 如图6-37所示。

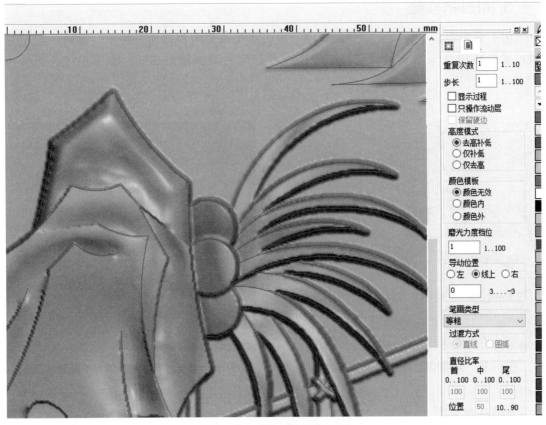

图6-37　导动磨光处理顶面

　　④ 其余各部分使用磨光功能，磨光参数选择"仅去高"→"颜色无效"。山石磨光处理完成后效果如图6-38所示。

图6-38　磨光以后的效果

3. 树枝制作实例

树干分为根、干、枝三部分，树根一般画成蟹爪形盘根四出；树干，远树一般不刻皱，老松树树皮采用单鳞或双鳞；树枝表现有鹿角或倒柳的形式，如图6-39、图6-40所示。

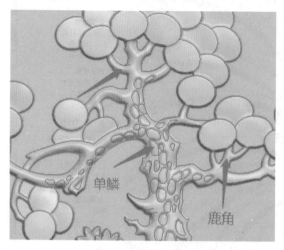

图6-39　浮雕模型中松树的常见表达方式

图6-40　实际木雕中的双鳞树干表面表达形式

制作注意事项：

① 在描图时要对树枝造型进行区分，使用导动去料或导动磨光，调试合适的参数，利用颜色内或颜色外功能，即可完成此类效果表达。

② 浮雕模型中的树枝的表达形式如图6-41所示。

③ 我们在建模时要考虑图稿效果，根据不同的构图内容，灵活应变。

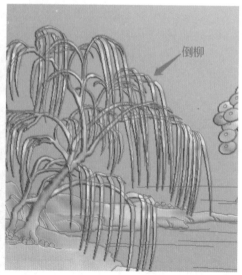

图6-41　树枝的两种表达形式

任务二　花卉题材实例

／任务目标／

本任务讲解牡丹和菊花雕刻两个实例，通过对其雕塑造型分析，运用相关命令，使用合理的软件命令，最后完成模型雕刻制作。

通过本任务，可以了解花卉题材浮雕制作的整个思路和过程。

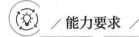

／能力要求／

① 熟悉花卉题材浮雕的线条构成。
② 熟悉花卉题材浮雕的雕塑表达方式。
③ 熟悉花卉题材图案的虚拟雕刻方法。
④ 掌握虚拟雕刻笔刷调整。

一、任务说明

1. 任务背景

人们喜欢花卉，因为花卉不仅有艳丽的色彩、芬芳的气味，还饱含吉祥的寓意。不同的花卉有不同的寓意，比如：牡丹有圆满、浓情、富贵、雍容华贵之意；菊花有延年益寿、多福多寿之意。用花卉纹样装饰我们的生活，给人舒适愉快的感觉，表达心中美好的愿望。

2. 任务要求

本节中我们以花卉浮雕制作为例，讲解JDPaint软件绘图与建模过程。要求完成以下任务：
① 花卉浮雕图案描线。
② 浮雕模型建模。

二、任务实施

1. 牡丹制作实例

（1）牡丹制作步骤

① 绘制花瓣的外轮廓，这一步需要保证每一片花瓣的连线相接（如图6-42的黑色区域内），这样的话可以保证在之后的每片花瓣的填色能够顺利进行。

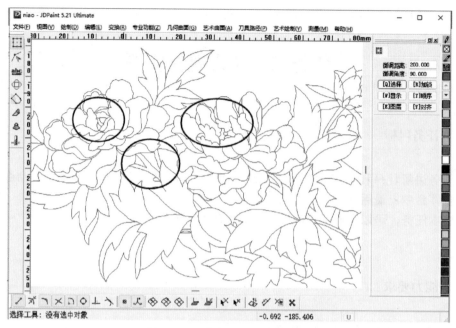

图6-42　花瓣与花瓣连接到位

　　② 对绘制好的花瓣进行分色,对每一片花瓣的轮廓线进行填色,然后按照花瓣从后到前的顺序进行有序的填色。(从后到前是指从我们所绘制的花朵的最后一片花瓣到第一片花瓣进行填色,所谓最后一片是指对象花瓣的后面没有任何花瓣或者花瓣的卷曲部分,有序的填色是指在填色的时候按照绘制花瓣由后到前的同时,取色也按照色盘由上到下的顺序,这样在后序进入地图显示的时候不用再反复进入图像显示寻找下一步所要做的花瓣在哪里。)如图6-43所示。

图6-43　分色处理

③ 对花体部分进行冲压，冲压高度可以保持一致，如图6-44所示。

图6-44　对花瓣进行冲压

④ 进入地图显示模式，按照区块顺序逐一去料，在进行单个花瓣边缘堆料的时候尽量使用大直径的刷子，保证花瓣边缘的自然上翘，如图6-45所示。花瓣去料效果如图6-46所示。

图6-45　对花瓣进行去料分层

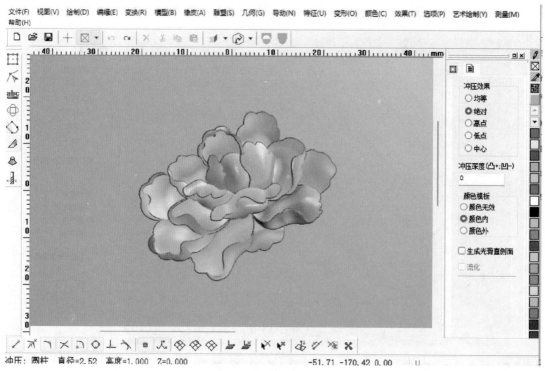

图6-46   去料后效果

⑤ 对边缘使用"磨光"中的"仅去高"一般可以把锋利的边缘处理掉，如图6-47所示。

⑥ 对最后的细节进行调整，比如花朵如果不够饱满，可以通过大直径的刷子把花瓣拉起来，保证刷子的平稳，这样就不会使之前所做的细节丢失。

图6-47   磨光边缘

⑦ 使用"祥云（单线浮雕）"制作叶子（如图6-48所示），并使用磨光功能处理好衔接处，如图6-49所示。

图6-48　"祥云（单线浮雕）"制作的叶子

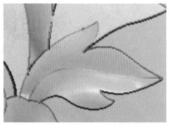

图6-49　磨光功能打磨掉叶子中间高低痕迹

⑧ 最终效果如图6-50所示。

图6-50　最终效果

（2）牡丹花的雕塑步骤

牡丹花的虚拟雕塑步骤，大致可细分成八步：

① 描图：制作的图的好坏与描图有很大关系。在雕刻行业中都是手工绘出的线稿，手绘的线稿有抖动的地方，当我们用扫描仪扫描线稿时，抖动的地方就会变成很大的锯齿，很多初学者以为是画面的一部分，放大看，描得图就会不标准，推远看线条不规范、不流畅，所以要分析理解后再描图，如图6-51所示。

注意：描图是很重要的环节。先观察，在观察过程中就要想这张图的造型与层次关系，在脑海里有大体的形态，做到心中有数，然后再描图。总结一句话就是：先思后动。描好的图如图6-52所示。

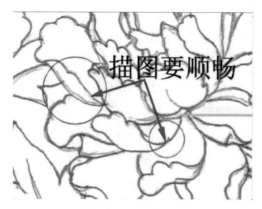

图6-51　手绘线稿

图6-52　描好的图

② 构造矩形网格：进入虚拟雕塑环境，调整步长（200万～300万）。构造矩形网格时要注意：XY方向的精度一致。进入虚拟雕塑环境，首先调整所需步长，目的有三：

a. 防止直侧壁出现锯齿。

b. 到刻画细节时，再去调顶点数边界会出现残料。

c. 防止颜色消失。

③ 冲压：把要操作的区域填一致的颜色，如图6-53所示。冲起所需的高度的基面，手工雕刻是用一定厚度的材料，用雕刻工具往下铲。为了模仿手工雕刻方法，使用冲压工具，冲起所需的高度的基面，以去料的方式，把层次与造型塑造出来。采用去料工具，其好处可以保留平整的直侧壁保证高点一致，如果用堆料工具需要大量的磨光很浪费时间，堆出的直侧壁也不平整、不顺畅，还很难保证高点一致。冲压后效果如图6-54所示。

图6-53　花朵颜色一致

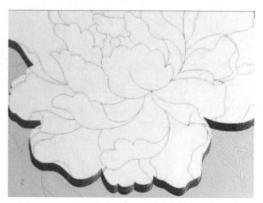

图6-54　冲压后直侧壁平整

④ 分色：用颜色工具把牡丹分成两部分，花蕊为一部分，花瓣为一部分。这样做方便找大的层次关系，如图6-55所示。

⑤ 整体层次分开：木雕文件主要以直侧壁去层次，做每片叶子时注意叶子与叶子叠加的地方，以及中间的花瓣与展开的花瓣衔接是否顺畅，如图6-56所示。

图6-55　花蕊和花瓣颜色分开

图6-56　花蕊的高点与花瓣的高点一致

⑥ 细节刻画：再次分色时要注意：区域颜色与区域的边界线颜色一致，否则会出现很多毛刺，影响效果。如出现毛刺，把相交线切断，使用单线填色工具把切断的线填色时，用磨光工具中仅去高、保留硬边、颜色内、力度一档即可把毛刺擦除，如图6-57所示。

刻画细节注意以下两点：

第一点：由外向内的顺序。在穿插、叠加、转折处要衔接得自然，牡丹花的叶子要饱满。

第二点：不要总在俯视图下作图，多旋转观察，防止层与层之间的落差过大，如图6-58所示。

图6-57　再次分色

图6-58　形成由外向内包裹的次序

⑦ 整体调整：最后使用旋转工具仔细检查叠加与转折部分的层次关系，如图6-59、图6-60所示。

⑧ 模仿手工雕刻：模仿手工雕刻效果目的是增加工艺中的灵性与神韵。增加牡丹花瓣自身的表面凹凸纹理，花头的制作完成，如图6-61所示。

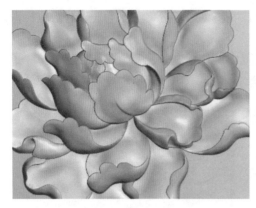

图6-59   正视图下检查

图6-60   灰度图下检查

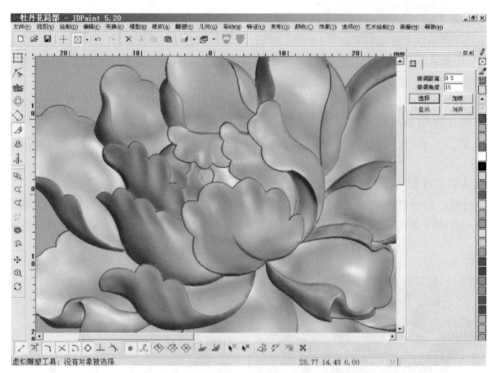

图6-61   增加了花瓣自身的表面凹凸纹理

2. 菊花制作实例

菊花的制作与牡丹的制作步骤类似。

首先把我们所要制作的线稿以点阵图格式输入进来，调整好X、Y方向的尺寸。在这里我们截取原图的一部分分步骤进行讲解。

（1）描线

在描线的时候一定要保证线条的流畅性。用不同颜色分别表示连贯的单线，这样做的目的是方便后续步骤中的填色。注意菊花的线条比牡丹的线条要多，菊花线条需要大量的辅助延伸线条来保持遮挡部位前后线条的连续，如图6-62所示。

当在描菊花花瓣时，尖角的转折处一定要顺畅，如图6-63所示的a、b两处。如图6-63所示的c处花瓣转折的部分，蓝色的线和红色的线连贯性要好，过渡要自然。

注意：在描图的时候心里就要开始思考整张图的造型——整朵花是以一个球体为基础形状，每一个花瓣都是呈一种向外扩散的趋势。每一个花瓣的高低关系，花瓣与花瓣之间的层次关系如何，要做到心中有数。

图6-62　花瓣线条的穿插

图6-63　花瓣的转折处

（2）构造曲面

线描好以后，构造一个图纸规定尺寸的矩形网格。然后进入虚拟雕塑界面，如图6-64所示。框选所有线条按空格键完成区域填色（这里所说的区域并不是真正意义上的封闭区域，而是由所有线条首尾相连组成的区域，如图6-65所示）。然后单线填色使用模型基色，把本不该填成粉色的地方重新填为基色。假定：颜色内冲压5毫米高（实际高度由图纸确定），如图6-66、图6-67所示。模型限高保低Z最大5毫米，最小0毫米，限高保低能高保证最高点不会超过5毫米且在同一个平面上。

（3）制作花瓣

接下来仿手工对花的部分进行去大料的工作。在去料之前还有一项工作要做——分析。分析花瓣与花瓣之间的层次关系，找好了层次关系极为重要（要在高度范围内把层次关系表现到位，这就是难点所在）。先把第一层也就是最外面一层选一个花瓣填上颜色，然后选择颜色内去料，去料参数如图6-68所示。[也可以选用"几何"→"祥云（单线浮

图6-64　描线

图6-65　填色

图6-66　分色

图6-67　冲压

雕）"命令。但祥云命令制作出来花瓣的饱满度不如去料的效果好。]

在去料的时候要注意两点：

① 参数设置时半衰直径一定要小于或等于直径的一半；

② 笔刷的中心一定要在所填颜色的区域外来回移动。这样才能保证花瓣的饱满圆润。

再用磨光工具的去高补低或者仅去高命令进行光滑处理。每一个花瓣的做法都是如此。在这里处理不同层次的方式即先做最高一层，再做稍低一些的二层，以此类推。在做二层的时候，先用冲压命令把层次与最高一层区分开（向下冲压高度差控制在1毫米即可，因为后面还要去料。如果冲得太低，那么第三层就要做得更低，这样的话做到最后一层的时候可能已经没料可做了）。

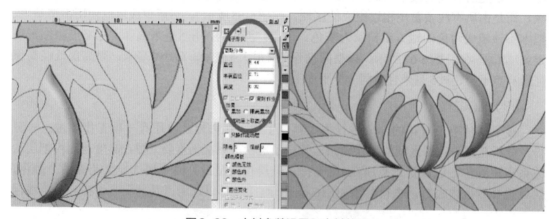

图6-68　去料参数设置和去料效果

冲压好之后，花瓣的做法和前面的一样，高点的方向则是由它靠近球形中心轴的一边来确定的。花瓣所包裹的花蕊也是球形的，那么我们在做的时候就把除了花瓣的部分都填上颜色（如图6-69所示中绿色的部分），然后顺着边缘打圆圈去料，去到感觉是个球形且层次已经和花瓣分开为好。这样花心的部分已经基本上做好了。（即使需要调整层次的话，也要等把外围的花瓣都做好了之后，再做一些局部改动。）

在做四周的花瓣时，也是采用由高到低的方式。先

图6-69　花蕊的球体部分

做最上面的花瓣，再来处理下一层的（这样能够保证高点在同一平面上，同时上层与下层间的高度差也好把握一些）。在做下层的时候，同样可以采用先冲压下去一定的高度，然后在这个基础上再进行"祥云（单线浮雕）"命令。（像这种不是翻转的部分，我们可以直接使用祥云命令，因为它不需要很强的饱满度。祥云是最快的方式。而在翻转的那一部分的处理上，则还是采用去料，以保证花瓣翻转过来的那一部分看上去非常饱满。）如图6-70、图6-71所示。

图6-70　祥云单线效果

图6-71　去料效果

（4）制作枝干

在做枝干的时候，注意层次的把握，枝干应该是长在花瓣下面的，花瓣与枝干衔接的地方层次一定要分开。越靠近花瓣的枝干高度越低，接近地面的枝干基本保留平面高度。如图6-72、图6-73所示蓝红色箭头处。

图6-72　枝干的高低分配

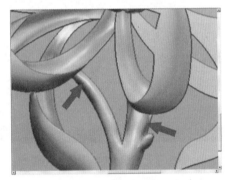

图6-73　正视图下的颜色变化

注意：填色的时候由于步长的原因在图6-74所示的那一小块是无法填上颜色的。这就造成在去料的时候有飞鳞的出现，如图6-75所示。（去料的时候都是在颜色内操作的，没有颜色的那一小部分就不能对其操作。）所以在这种情况下，就要使用涂抹工具把那一小块涂上颜色，然后再进行磨光→颜色内仅去高命令操作即可，如图6-76所示。

花瓣之间层次的把握在整张图里是个难点，也是重点。层次、立体感如何体现？就是靠上层与下

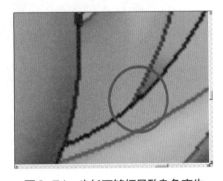

图6-74　步长不够细导致杂色产生

图6-75　杂色导致的飞鳞

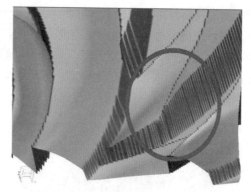

图6-76　磨光命令后的效果

层之间的高度差。但高度差到底多少才算合适？这就要求：

① 作图的时候不能只在俯视图下操作，而是要边做边不停地旋转观察。有时也可在旋转的状态下去料。

② 平时要多研究其他雕刻作品是怎样表现层次关系的。

③ 多加练习最重要，熟能生巧。如图6-77～图6-80所示就是从俯视、全屏旋转和局部放大的不同角度来观察层次变化的。从局部来表现层次高低，一瓣压一瓣的效果和整朵各花瓣之间叠加的效果。最后需要通过多个视角进行观察。

图6-77　通过俯视图放大观察

图6-78　通过侧视图直接观察

图6-79　通过侧视图观察整体

图6-80　通过俯视图观察整体

（5）制作叶子

单片叶子的做法相对花瓣来说简单一些。世界上没有两片完全一样的叶子，要抓住叶子的动态，做"活"。如图6-81所示，先将叶子的根部层次压低，因为它是被压在花瓣下面的。然后再把半衰直径调到小于或等于直径的一半沿根部两边去料。打出它的圆度。这部分做完以后，就把笔刷调到大于或等于直径进行整片叶子大面积去料。

图稿里面每一片叶子的不同部位它的动态也是有高低之分的。如图6-82所示，中间主筋脉以下的部分稍高，上下两片小叶子部分又压着中间的叶子。所以整片叶子分析下来，上下左右都有高低层次关系。多注意观察分析总结。

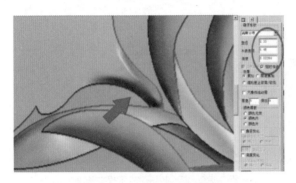
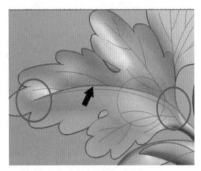

图6-81　叶子根部压低效果　　　　　图6-82　叶子的内部高低关系

叶片做完以后，点选我们要分层的那根主筋脉多义线，然后按空格键，它就会自动以所选择的那根多义线为界从颜色上把模型分成两部分，而后选择在粉色颜色外去料。去料的时候要小心我们的操作范围只是叶子，所以笔刷的移动一定不能超出范围，如图6-83所示。

图6-83　快速分色时要注意笔刷位置

有两点需要注意的是：

① 虽然是分两层，但在首尾的部分（做红色标记的地方）是不能断开的。所以要求在去料的时候注意分寸。

② 粉色外去料到底去多少合适？其实这并没有一个硬性的规定。一般是根据地图显示中颜色的变化，同时边去料边旋转观察深度变化。高度相差1～1.5毫米就可以了。

主筋脉的大层分出来之后，就剩下划分三部分叶片间的层次了。如图6-84所示，要把轮廓线从黑箭头位置打断，然后点选标号为1部分的多义线，按空格键。它就自动以当前颜色来划分区域。然后选择模型基色为当前颜色进行颜色内去料，去料的时候应注意笔刷直径与半衰直径的关系。半衰直径应大于或等于直径且力度不宜太大，这样去料的时候才不至于出现坑状。同时注意我们要压低的范围如图6-85所示圆圈内。只要把1和2之间的层次拉开控制在1.5毫米左右。再把1部分磨光就可以了。同样，1和3部分的做法与上面相同。三个层次关系都处理完以后，就是细节的刻画。细节的体现就是在1与2、1与3的转折部分。

图6-84　快速填色效果

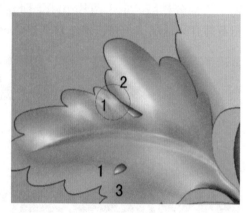
图6-85　相邻叶子之间要交代清楚高低关系

对如图6-86所示，圆圈范围内进行堆料。堆料的笔刷直径、半衰与高度的关系如图6-87所示。

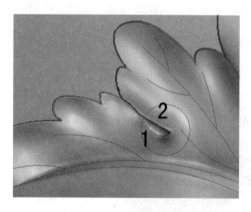
图6-86　堆料位置

图6-87　堆料参数

当由2转到1时堆料的力度就要慢慢减弱，如图6-88所示。然后去高补低磨光（颜色无效），让颜色内的部分与外面衔接自然。这样一片菊花的叶子大形就完成了，如图6-89所示。

手工雕刻的过程里面筋脉的处理也是放在打磨之后才刻的。所以我们导动筋脉也放在最后一步。导动去料我们选择的是锥台、锥体，且是在流动层上操作。实际导动深度为1毫米。先导动侧边的筋最后再来导动主筋脉。这是因为假如最后导动侧筋的话，会在主筋的槽里留下痕迹，加工出来也很明显，效果不好。所以选择先导侧筋再来导主筋，并且主筋的笔刷直径要比侧筋更宽些，这样就能盖住侧筋的起点部位，衔接起来就会很自然，如图6-90、图6-91所示。

图6-88 堆料参数调整

图6-89 磨光后效果

图6-90 打磨后效果

图6-91 导动去料后效果

图6-92、图6-93是最终完成的效果。

图6-92 去料完成后效果

图6-93 灰度图效果

任务三 卡通题材实例

 ／任务目标／

本任务分解为雕刻制作鹿形卡通浮雕实例，通过对其雕塑造型分析，运用相关命令，使用合理的软件命令，最后自行设计完成卡通模型雕刻制作。

通过本任务，可以了解卡通模型制作的整个思路和过程。

 ／能力要求／

① 熟悉卡通浮雕的画面元素构成。
② 熟悉卡通浮雕的雕塑表达方式。
③ 熟悉区域浮雕、均等冲压等虚拟雕刻方法。
④ 掌握颜色模块以及虚拟雕刻笔刷调整。

一、任务说明

1. 任务背景

卡通是一种类型的图示，通常体现为非现实或半写实风格。卡通浮雕是基于影视作品下产生的具象化衍生品。

2. 任务要求

本节中我们以卡通浮雕制作为例，讲解JDPaint软件绘图与建模过程。要求完成以下任务：

① 卡通浮雕图案描线。

② 浮雕模型建模。

二、任务实施

鹿形卡通浮雕制作实例

一般依照样品或图纸，如果是样品（图6-94），那么首先在脑海里思考怎么去描图，描图看似简单，但是会影响后面步骤的效果，所以描图也要讲究方法，如图6-95所示。

图6-94　样品图　　　　　　　　　　图6-95　设计描线稿

① 图描完后，再进行曲面设计（图的规格是41.3毫米，71.56毫米）。

② 进入虚拟雕塑环境后，选择矩形，选择命令新建模型生成网格基面（XY步长0.1，余量0，限高10，保低0）。

精度设定原则：网格精度的大小在5.0里面直接关系到作图的快和慢，在这我们可以根据样品的大小来设定网格精度的大小，在5.0里面网格精度可以重构，也就是说开始时精度可放低些，在需要时通过调整步长来改变曲面精度。

③ 选择动物的外轮廓进行网格构造，截面形状为"椭圆"，基准高度为"0"，网格精度为"0.1，0.1"，边界角度为85°，形状系数为0.3，如图6-96所示。

图6-96　区域浮雕参数

④ 对曲面中不光滑的地方进行磨光，如图6-97所示可以通过曲面磨光来进行打磨，先用区域填色，这样打磨时就可以通过颜色区分开来，就不会打磨到其他的地方，如图6-98所示，磨光后的效果如图6-99所示。

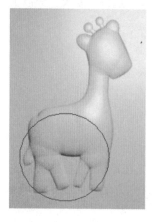

图6-97　区域填色　　　　　　图6-98　颜色内磨光　　　　　图6-99　磨光效果

在此最好先用补低来进行打磨，因为这样可以保证曲面的完整性，然后再进行去高补低来打磨，这里你应当熟悉软件的快捷键，就可以在十几秒钟时间打磨光它。

⑤ 曲面造型。在这通常用的功能是堆料和去料，再配合磨光，简言之就是低的部位进行拉高，高的部位进行减低，不管是拉高还是减低都离不开磨光，如图6-100所示，然后通过磨光进行打磨。

⑥ 曲面精修，添加曲面细节。

前面描图时已经把零散的区域和单线描好了，在这它们就可以很快派上用场，直接用其进行区域浮雕和单线冲压，如图6-101所示。区域浮雕，选中轮廓区域，曲面限定高度为0.5毫米，边界角度为85°，在这里可以调整是叠加或切除。参数如图6-102所示，最终效果如图6-103所示。

总结制作流程为：

① 描图：按照产品扫描的图片，绘制出各区域。

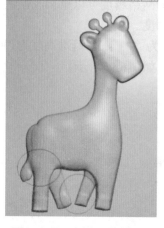

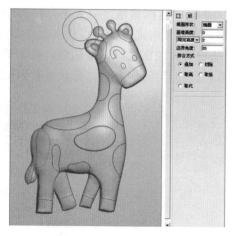

图6-100　去料和磨光配合　　　　　　图6-101　区域浮雕（叠加）

图6-102 区域浮雕参数　　　　图6-103 最终效果

② 进入虚拟雕塑中建立模型。

③ 选中图案的外轮廓，构造网格磨光。

④ 确定曲面造型，使用堆料、去料和磨光功能。

⑤ 添加曲面细节，通过这个实例的制作，主要了解文件的"制作过程"，对各命令的使用也有一个大致的认识，尤其对"磨光"命令形成一定的认识。

参考文献

[1] 李飞，钱明. 中国东阳木雕. 南京：江苏美术出版社，2018.4.

[2] 世界木雕，世界历史. 中国社会科学院. 2018.4.

[3] 陈旭. 美术学院基础教学. 石家庄：河北美术出版社，2016.8.

[4] 白庚胜，于法鸣. 中国民间木雕技法. 北京：中国劳动社会保障出版社，
    2010.1.

[5] 李政. 木雕艺术. 北京：现代出版社，2015.6.

[6] 文建，陈璧晖，邓泰，等. 设计三大构成. 北京：中国建材工业出版社，
    2017.3.